Hartmut Laufer

Personalbeurteilung im Unternehmen

Hartmut Laufer

Personal-
beurteilung im
Unternehmen

Von der Bewerberauswahl
bis zum Arbeitszeugnis

Bibliografische Information der Deutschen Nationalbibliothek

Die Deutsche Nationalbibliothek verzeichnet diese Publikation
in der Deutschen Nationalbibliografie; detaillierte bibliografische
Daten sind im Internet über http://dnb.d-nb.de abrufbar.

ISBN 978-3-89749-806-8

Lektorat: Christiane Martin, Köln
Umschlaggestaltung: Martin Zech Design, Bremen I www.martinzech.de
Umschlagfoto: Pixland/Corbis
Satz und Layout: Lohse Design, Büttelborn
Druck: Salzland Druck, Staßfurt

www.gabal-verlag.de
Abonnieren Sie unseren Newsletter unter:
newsletter@gabal-verlag.de

Inhalt

Die Sache mit der Menschenkenntnis

Während der zwei Jahrzehnte, in denen ich als Führungskraft selbst häufig Personal zu beurteilen hatte, musste ich immer wieder erkennen, wie schwierig es ist, Menschen zutreffend einzuschätzen. Auch bei Diskussionen im Rahmen meiner Führungsseminare tritt dieses Problem häufig zutage. Aber es gibt auch immer wieder erstaunlich viele Führungskräfte, die davon überzeugt sind, aufgrund ihrer „guten Menschenkenntnis" ihre Mitarbeiter problemlos beurteilen zu können.

Obwohl im Personalmanagement häufig Beurteilungen zu verfassen sind, gibt es hierfür relativ wenig praxisgerechte Fachliteratur. Meist wird das Thema im Zusammenhang mit dem Beurteilen von Schülern oder Auszubildenden behandelt. Zwar schaffen gerechte Leistungs- und Verhaltensbeurteilungen von Lernenden wichtige Voraussetzungen für deren Lernmotivation und Förderung. Nicht minder wichtig ist aber, dass Menschen auch später zutreffend eingeschätzt und entsprechend ihrer Eignung beruflich optimal eingesetzt werden. Eine zu den eigenen Fähigkeiten und Neigungen passende Berufstätigkeit ist eine wesentliche Komponente persönlicher Lebensqualität.

Außerdem beinhaltet die Personalbeurteilung eine ernst zu nehmende gesamtwirtschaftliche Dimension: Es ist für den Erfolg eines jeden Unternehmens von ausschlaggebender Bedeutung, dass seine Arbeitsplätze mit dafür optimal qualifizierten Arbeitskräften besetzt sind.

Diese Gegebenheiten haben mich dazu bewogen, dieses Buch zu schreiben. Es war mein Anliegen, Personalbeurteilungen unterschiedlichster Anlässe zu beleuchten und den Verantwortlichen durch praktikable Hinweise ihr schwieriges Geschäft zu erleichtern: für die Auswahlentscheidungen bei Neueinstellungen, für den leistungsgerechten Personaleinsatz, für turnusmäßige Mitarbeiterbeurteilungen bis hin zum Arbeitszeugnis bei Beendigung eines Arbeitsverhältnisses. All die verschiedenen Beurteilungsarten haben ihre Besonderheiten, die für die Beurteilungsqualität eine Rolle spielen.

Verschiedentlich sind Checklisten oder Formblätter als Arbeitshilfen abgebildet. Wer daran interessiert ist, kann sich von mir kostenlos die digitalen Versionen zuschicken lassen – eine E-Mail mit der Angabe der gewünschten Seiten reicht aus!

Dipl.-Ing. Hartmut Laufer

MENSOR Institut
Postfach 30 36 30
10727 Berlin
Telefon: ++49 (0) 30-2629640
Fax: ++49 (0) 30-2625977
E-Mail: institut@mensor.de
Website: www.mensor.de

PS: Des Leseflusses wegen habe ich darauf verzichtet, bei Personen stets beide sprachliche Geschlechter zu nennen. Mit dem Mitarbeiter als Gattungsbegriff meine ich auch weibliche Beschäftigte und die Führungskraft kann biologisch gesehen selbstverständlich auch ein Wesen männlichen Geschlechts sein.

1. Problematik der Personen- einschätzung

Wahrnehmung und Wahrheit

Wenn wir etwas mit unseren Sinnesorganen wahrnehmen, ist das nie ein völlig distanziertes Registrieren von Gegebenheiten, sondern es handelt sich stets um ein Erlebnis.

Neuere Forschungsergebnisse der Gehirnbiologie belegen, dass die durch unsere Sinnesorgane aufgenommenen Informationen als elektrische Nervenimpulse zunächst über das Stammhirn – auch „Reptiliengehirn" genannt – in das limbische System gelangen. Es ist derjenige Bereich unseres Gehirns, der die Gefühle beherbergt, dem also unser emotionales Erleben entspringt. Am Eingang zum limbischen System befindet sich quasi als Pförtner der sogenannte Mandelkern – die „Amygdala". Dieses Gehirnareal ist die Kontrollinstanz, die darüber entscheidet, welchen emotionalen Wert die Informationen erhalten, ob sie also mit positiven oder negativen Gefühlen besetzt werden. Erst mit diesen Bewertungen versehen werden die Informationen an das Großhirn zur rationalen Verarbeitung weitergeleitet.

Emotionale Bewertung von Wahrnehmungen

Das Großhirn ist der entwicklungsgeschichtlich jüngste Teil unseres Gehirns. Er ist für unsere hohe Intelligenz verantwortlich, die uns Menschen allen anderen Lebewesen überlegen macht. Im vorderen Bereich der Großhirnrinde befin-

Verstandesmäßige Verarbeitung

9

den sich die Stirnhirnlappen. In ihnen sind unter anderem unsere persönlichen Grundeinstellungen und ethischen Werte gespeichert. Diese Grundsätze sind dafür maßgebend, welche Denkrichtungen und Reaktionen die empfangenen Informationen auslösen. Das Stirnhirn stellt ein Korrektursystem dar, ist sozusagen die höhere Instanz. Es gibt den anderen Hirnregionen Rückmeldungen und beeinflusst somit sowohl unsere Gedanken als auch unsere Gefühle.

Verstand versus Gefühl

Manchmal lässt das limbische System unsere innere Stimme sagen: „Den Kerl bringe ich um!" Nachdem uns jedoch das Stirnhirn mit unseren moralischen Grundsätzen konfrontiert und uns unser Verstand an die möglichen rechtlichen Folgen erinnert hat, machen wir es dann doch nicht. Das Beispiel verdeutlicht, dass in uns zunächst stets Gefühle ausgelöst werden und erst danach das Denken einsetzt, auch wenn wir uns dessen nicht bewusst sind. Einerseits wird unser Denken durch Gefühle beeinflusst, andererseits wirkt unser Verstand regulierend auf unsere Gefühle ein. Limbisches System und Großhirn funktionieren in einem steten Wechselspiel.

Spontan reagieren wir oft willenlos

Experimente haben gezeigt, dass Nervenimpulse, die uns zu bestimmten Bewegungen veranlassen, in den unbewussten Hirnteilen bis zu einer halben Sekunde früher auftreten, als es zu bewussten Denkvorgängen kommt. Reizt man das Hirn von Versuchspersonen mit Elektroden dahin gehend, dass sie automatisch nach einem Wasserglas greifen, deklarierten sie ihr unwillkürliches Handeln dennoch sogleich als bewusste Aktion. Sie erklären, sie „wollten" nach dem Glas greifen, weil sie Durst hatten. Weit öfter, als wir denken, reagieren wir zunächst gefühls- oder triebgesteuert und konstruiert uns der Verstand erst danach eine logische Begründung.

Wir sind danach überzeugt, uns absolut vernunftsmäßig entschieden und gehandelt zu haben. Diesen Verhaltensmechanismus nutzend versucht die Werbung – oft mit bemerkenswertem Erfolg – gezielt Einfluss auf unsere Kaufentscheidungen zu nehmen.

Unser Wahrnehmungsvermögen wird auch dadurch beeinflusst, dass emotional positiv besetzte Informationen vom Großhirn nachweisbar besonders bereitwillig aufgenommen und verarbeitet werden. Hingegen werden negativ besetzte möglicherweise völlig ausgeblendet und im Gedächtnis nicht gespeichert. Je stärker die positiven Gefühle, desto fester werden die Informationen im Gedächtnis verankert. Hierbei spielen auch einige chemische Vorgänge eine wichtige Rolle. Die Wissenschaft hat mittlerweile einen – „Dopamin" genannten – körpereigenen Botenstoff ausfindig gemacht, der bei angenehm empfundenen Informationen oder Situationen im Gehirn das Ausschütten opiumähnlicher Stoffe bewirkt. Sie lösen Lust auf erneutes Erleben dieser Art aus. Andererseits weiß man seit Langem, dass unter negativ empfundenem Stress, dem sogenannten Disstress, Hormone in den Blutkreislauf ausgeschüttet werden, die im Gehirn zu Denkblockaden führen können.

Positive Informationen sind uns willkommen

Die komplexen Vorgänge in unserem Gehirn spielen bei der Wahrnehmung unserer Umwelt eine maßgebliche Rolle und wirken sich demzufolge auch auf unser Urteilsvermögen aus.

Wie die vorstehende Schilderung der gehirnbiologischen Prozesse zeigt, lösen unsere optischen, akustischen oder haptischen, also zunächst rein physikalischen Wahrnehmungen in uns zwangsläufig auch Assoziationen und Gefühle aus. In Bruchteilen von Sekunden interpretieren und bewerten wir die jeweilige Situation:

Ständig interpretieren und bewerten wir

▨ Unser Gehirn gibt den empfangenen Informationen zunächst eine gefühlsmäßige Note und verknüpft sie dann mit bereits vorhandenen Gedächtnisinhalten.

▨ Dabei ergänzt es fehlende oder unverständliche Informationen durch anderweitig erworbene Kenntnisse beziehungsweise mittels unserer Fantasie.

▨ Bewusst oder unbewusst messen wir das Wahrgenommene an unseren individuellen Wertvorstellungen sowie an früheren Erlebnissen und unseren damaligen Bewertungsergebnissen.

Auf diese Weise ziehen wir aus den Wahrnehmungen unsere Schlüsse und schaffen uns unsere individuelle Wirklichkeit. Die so entstehenden individuellen Wirklichkeitsbilder können dazu führen, dass Personen eine bestimmte Situation äußerst widersprüchlich erleben, obwohl sie alle dieselben Beobachtungsmöglichkeiten hatten. Ein Problem, das sich Kriminalbeamten immer wieder stellt und oft zu falschen Verdächtigungen und sogar Justizirrtümern führt. Es kommt gar nicht so selten vor, dass die Augenzeugen eines Unfalls oder Verbrechens wichtige Einzelheiten völlig unterschiedlich gesehen haben wollen, ohne ein Interesse daran zu haben, etwas zu verschleiern. Vielmehr sind sie von ihren widersprüchlichen Schilderungen felsenfest überzeugt.

Jeder hat seine eigene Wahrheit

Der Glaube, es gäbe immer nur eine einzige wahre Wirklichkeit, ist eine gefährliche Selbsttäuschung, die häufig zu Enttäuschungen und Konflikten führt. Jeder Mensch hat seine eigene „Sicht der Dinge" und demzufolge seine eigene Wahrheit. Der Psychologe und Sprachwissenschaftler Paul Watzlawick hat sich in mehreren Büchern mit dem Wirklichkeitsbegriff auseinandergesetzt (siehe auch Literaturhinweise am Ende des Buchs) und ist zu folgender Erkenntnis gelangt:

Es gibt keine einzig wahre Wirklichkeit, sondern nur auf persönlichen Bewertungen beruhende individuelle Wirklichkeitsauffassungen.

Ursachen von Vorurteilen und Fehleinschätzungen

Wie Experimente gezeigt haben, benötigt unser Gehirn für das Erkennen und Bewerten einer Situation meist nicht mehr als 150 Millisekunden. Das erklärt, warum wir uns ormalerweise schon während der ersten 10 Sekunden einer Begegnung mit einem Menschen ein relativ gefestigtes Pauschalurteil über ihn gebildet haben – wir also ein „Vor-Urteil" getroffen haben. Vorurteile (auch „Stereotype") sind vorschnelle Beurteilungen. Sie können dazu führen, dass wir

- andere Menschen aufgrund von Fehleinschätzungen ungerecht behandeln,
- uns nicht mit ihnen verständigen können und/oder
- von falschen Voraussetzungen ausgehend Fehlentscheidungen treffen.

Falsche Vorurteile können auf unterschiedliche Weise entstehen. Betrachtet man die Fotos der Abbildung auf Seite 14, so wird man spontan meinen, die auf dem linken Foto abgebildete Fossilie sei erhaben, die auf dem rechten hingegen nach innen gewölbt. Stellt man jedoch die Abbildungen auf den Kopf, so ergibt sich der genau entgegengesetzte Eindruck. Die Begründung: Da wir es von Geburt an gewöhnt sind, dass das Sonnenlicht von oben her einfällt und Gegenstände demzufolge ihren Schatten nach unten werfen, deuten wir auch zweidimensionale Abbildungen entsprechend – auch wenn wir nicht wissen, wie der Lichteinfall beim Fotografieren tatsächlich war.

Verallgemeinerungen

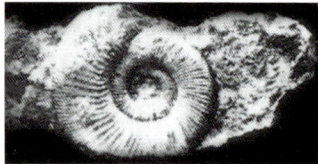

Viele unserer Vorurteile beruhen auf Klischeevorstellungen.

Wir interpretieren unsere Wahrnehmungen aufgrund früherer Erfahrungen, sind aber fest davon überzeugt, die aktuelle Wirklichkeit zu erkennen. Erst bei einer kritischen Betrachtung der Situation stellen wir dann fest, wie zweifelhaft unser erster Eindruck war. Erst durch die Betrachtung einer Situation aus „verschiedenen Blickwinkeln" oder einer „anderen Perspektive" erhalten wir die umfassenden Informationen, um der Wahrheit näher zu kommen.

Bildung von Mustern

Das Gleiche gilt für das Wahrnehmen von Personen. Ständig sammeln wir Erfahrungen im Umgang mit den unterschiedlichsten Menschentypen. Je häufiger sich dabei bestimmte Erfahrungen wiederholen, umso mehr werden sie für uns zu allgemeingültigen Mustern, lassen sie in uns bestimmte Überzeugungen reifen. Vorurteile entstehen allerdings nicht nur durch das Verallgemeinern eigener Erfahrungen, sondern werden auch durch die Klischeevorstellungen geprägt, die in der Gesellschaft, zum Beispiel auf Rassen, Berufsgruppen oder Glaubensgemeinschaften bezogen, kursieren.

Sich selbst erfüllende Vorhersagen

Begegnen wir jemandem, der in seinen Verhaltensweisen oder äußeren Merkmalen Ähnlichkeiten mit einer uns bekannten Person aufweist, so werden wir ihm zunächst – bewusst oder unbewusst – auch die übrigen Eigenschaften der uns bekannten Person zuordnen. Haben wir mit der ähnlichen Person entweder gute oder schlechte Erfahrungen

gemacht und haben wir sie somit als sympathisch oder unsympathisch in Erinnerung, so neigen wir dazu, die neue
Bekanntschaft zunächst ebenso einzuordnen. Wir lassen uns
also von einem Vorurteil leiten, „vor-verurteilen" den Betreffenden sozusagen. Verhalten wir uns ihm gegenüber
dann in einer durch unser Vorurteil geprägten positiven
beziehungsweise negativen Weise, so erzeugt das beim anderen logischerweise die entsprechenden Reaktionen, was
wiederum unsere erste Einschätzung zu bestätigen scheint.
Man nennt diesen Vorgang auch die „sich selbst erfüllende
Vorhersage".

*Beispiel: Ein Vorgesetzter hat hinsichtlich der Zuverlässigkeit
mit älteren Mitarbeitern besonders gute Erfahrungen gemacht.
Demzufolge wird er einem jungen Mitarbeiter gegenüber zunächst eher kritisch eingestellt sein und ihn besonders aufmerksam beobachten. Das kann den Mitarbeiter verunsichern,
was möglicherweise zu vermehrten Fehlern führt. Wegen seiner
kritischen Haltung wird der Vorgesetzte aber gerade bei diesem Mitarbeiter jeden Fehler registrieren und es wird sich
seine Meinung verstärken, jüngere Mitarbeiter würden weniger
sorgfältig arbeiten.*

Wir neigen dazu, vorrangig das wahrzunehmen, was unseren **Selektives**
Überzeugungen und Wünschen oder auch Befürchtungen **Wahrnehmen**
entspricht. Hingegen blenden wir gerne diejenigen Wahrnehmungen aus, die zu diesen Erwartungen im Widerspruch
stehen. Instinktiv wollen wir bestätigt werden und nicht
ohne Not in innere Zweifel geraten. Demzufolge sind unsere
Beobachtungen stets mehr oder weniger auswählend.

*Beispiel: Ein Verliebter registriert dankbar jedes Zeichen der
Zuneigung seiner Angebeteten. Aber auch jedes seine Eifersucht
bestätigende Verhalten nimmt er bei ihr besonders empfindsam
wahr.*

Verfestigte Wertvorstellungen Erziehung, Normen des menschlichen Umfelds sowie persönliche Lebenserfahrungen lassen in uns bestimmte Wertvorstellungen wachsen. Je mehr sie sich in uns verfestigt haben, desto mehr neigen wir dazu, diese Maßstäbe an alle Mitmenschen anzulegen und abweichendes Verhalten negativ zu bewerten. Ähnlich wie die Klischees führen auch unflexible Wertmaßstäbe zu Vorurteilen und erschweren eine situationsgerechte Personenbeurteilung.

Beispiel: Wenn wir selbst saloppe Kleidung bevorzugen, sind wir bereit, sie auch bei anderen zu tolerieren, und bewerten sie eher positiv. Wir deuten sie möglicherweise als einen Ausdruck freier Denkungsart oder ausgeprägten Selbstbewusstseins. Kleiden wir uns jedoch ausgesprochen konservativ, werden wir saloppe Kleidung eher als Nachlässigkeit, Schlampigkeit oder sogar Provokation empfinden.

Notwendigkeit von Vorurteilen Allerdings haben Vorurteile auch eine positive Funktion. Erst durch unser reichhaltiges Repertoire an Vorurteilen sind wir in der Lage, schnell genug reagieren zu können. Vorurteile ersparen es uns, in jeder Situationen stets neu entscheiden zu müssen – und dann möglicherweise zu spät. Sie erleichtern es uns, neue Informationen einzuordnen und mit ihnen umzugehen.

Vorurteile verführen uns oft zu Falschbeurteilungen oder Fehlentscheidungen – andererseits könnten wir ohne sie in vielen Lebenslagen nicht schnell genug reagieren und wären lebensuntauglich.

Kaschierendes Rollenverhalten Doch auch die zu beurteilenden Menschen selbst können an Fehleinschätzungen schuld sein. Je nach Lebenssituation nehmen sie unterschiedliche Rollen ein und verhalten sich entsprechend. Sie versuchen sich so darzustellen, dass es ihrer momentanen persönlichen Interessenlage dient oder den Erwartungen ihres Umfelds entspricht. Dieses vordergründige, sichtbare Rollenverhalten kann durchaus im Widerspruch stehen zu den grundsätzlichen Überzeugungen und echten Fähigkeiten des Betreffenden und kann von Situation zu Situation wechseln. Daher ist es schwierig, bei anderen Menschen zutreffend einzuschätzen, wie diese „normalerweise" sind oder was sie momentan tatsächlich empfinden.

Beispiel: In der Firma gilt ein Vorgesetzter als überzogen streng und unsensibel bis zur Rücksichtslosigkeit, während er sich zu Hause als ausgesprochen gütiger und verständnisvoller Familienvater zeigt. Je nach Situation wird er demzufolge von seinen Mitmenschen ganz unterschiedlich wahrgenommen – wird er gehasst oder geliebt.

Wir können andere Menschen erst dann zuverlässig beurteilen, wenn wir sie lange genug in unterschiedlichen Situationen beobachtet haben.

Die „gute Menschenkenntnis" auf dem Prüfstand

Die meisten erwachsenen Menschen sind der Überzeugung, dass sie aufgrund ihrer Lebenserfahrung eine gute Menschenkenntnis besitzen und deshalb andere Menschen hinsichtlich ihrer Charaktereigenschaften zutreffend einschätzen können. Eine Fähigkeit, die natürlich auch beim Führen von Mitarbeitern eine wesentliche Rolle spielt. Schließlich wird man als Führungskraft immer wieder vor die Frage gestellt, inwieweit sich ein Mitarbeiter für eine bestimmte Aufgabe eignet. Manche Vorgesetzten müssen sich im Laufe

Die meisten glauben, gute Menschenkenntnis zu haben

eines Arbeitstags fortwährend entscheiden, wem sie am besten welche Arbeit zuteilen.

Demzufolge lösen Fragen der Mitarbeiterbeurteilung oder der Bewerberauswahl in Führungsseminaren meist lebhafte Diskussionen aus. Zumindest die erfahreneren Führungskräfte äußern dann meist die Überzeugung, ihre Mitarbeiter hinsichtlich deren Persönlichkeitseigenschaften zutreffend beurteilen zu können.

Test zur Personeneinschätzung Diese Diskussionen regten den Autor an, einen kleinen Test zu entwickeln, anhand dessen Seminarteilnehmer ihre Menschenkenntnis erproben können. Die Testpersonen erhalten dazu einen Fragebogen, mit dem sie sich im Hinblick auf zehn Persönlichkeitsmerkmale gegenseitig beurteilen sollen.

Als Beurteilungskriterien sind Persönlichkeitseigenschaften allgemeiner Art vorgesehen, die man anderen Personen meist schon nach kurzem Kennenlernen zuordnet. Beispielsweise ob man jemanden für spontan oder für besonnen hält oder ihn in seinem Wesen als eher sensibel oder eher robust einordnet. Dabei werden keine differenzierenden Beurteilungsnoten verlangt, sondern nur Tendenzen. Es ist also anzugeben, ob man meint, die beurteilte Person würde hinsichtlich des betreffenden Wesensmerkmals eher zu dem einen oder dem anderen Gegenpol tendieren. Zur Bewertung der Fremdeinschätzungen werden die Testpersonen aufgefordert, sich auch selbst einzuschätzen und dabei im Interesse der Testqualität ehrlich zu sein – absolute Anonymität wird garantiert!

Erlebnisrelationen Würde man rein zufällige Fremdeinschätzungen vorsehen – also zum Beispiel durch Losen –, würde sich nach dem Gesetz der Wahrscheinlichkeit eine durchschnittliche Übereinstimmung der Fremd- und Selbsteinschätzungen von 50 Prozent ergeben. So wie die statistische Eintreffenswahrscheinlichkeit beim Roulette, wenn man nur auf die Farben (also Rot oder Schwarz) setzt. Das andere Ergebnisextrem wäre, wenn jemand alle zehn Persönlichkeitseigenschaften einer Testperson so einschätzen würde, wie diese sich selbst beurteilt – also eine Übereinstimmung von 100 Prozent. Demnach wäre ein mittelmäßiges Beurteilungsergebnis ein Übereinstimmungsgrad von 75 Prozent. (Diese Klarstellungen seien angemerkt, um die Testergebnisse realistisch zu beurteilen.)

Der Autor hat diese Tests bereits in 34 Seminargruppen mit insgesamt 274 Personen durchgeführt. Daraus resultierten insgesamt 17.510 Einzelurteile, was eine hohe Repräsentanz der Testergebnisse belegt. Als Gesamtergebnis aller Tests errechnete sich eine durchschnittliche Übereinstimmung der Fremd- und Selbsteinschätzungen von lediglich 59,7 Prozent!

Ernüchternde Testergebnisse

Die Ergebnisse der Personeneinschätzungen lagen bei den Tests also nur geringfügig über dem Zufallswert!

Dabei ist zu bedenken, dass in diesem Durchschnittswert natürlich eine nicht unerhebliche Anzahl von Einschätzungen enthalten ist, die deutlich unter der Zufallswahrscheinlichkeit liegen. Dass also Testpersonen die Persönlichkeitseigenschaften häufiger unzutreffend als zutreffend eingeschätzt hatten!

Bei der Diskussion dieser ernüchternden Ergebnisse wird dann von den Seminarteilnehmern manchmal geltend gemacht, dass man sich ja noch nicht lange genug gekannt habe. Immerhin aber befanden sie sich zum Zeitpunkt des Tests bereits etwa zehn Stunden in demselben Raum, hatten miteinander diskutiert und in Gruppen zusammengearbeitet. Im Vergleich mit den üblichen Vorstellungsgesprächen bei Personaleinstellungen, die selten länger als eine halbe

Einflüsse der Bekanntheitsdauer

Stunde dauern, relativieren sich diese Bedenken sehr schnell und es wird die Frage aufgeworfen, welchen Erkenntnisgewinn derartige Gespräche überhaupt bringen können. Gespräche, die schließlich darüber entscheiden, ob man in einen Bewerber jahrelang eine nicht unbeträchtliche Entlohnung investiert!

Hinsichtlich der Bekanntheitsdauer stellte sich erstaunlicherweise heraus, dass die Beurteilungsergebnisse von Teilnehmergruppen, die sich aufgrund beruflicher Zusammenarbeit schon längere Zeit vor dem Test kannten, auch nicht entscheidend besser waren. Bei kurzer Bekanntheitsdauer betrug der Durchschnittswert der Übereinstimmungen 55,7 Prozent. Bei einer Dauer von einer Woche und mehr lag er bei 65,3 Prozent, also immer noch deutlich unter einem als mittelmäßig einzustufenden Wert von 75 Prozent.

> Auch eine längere Bekanntheitsdauer führt nur zu einer nicht einmal mittelmäßigen Beurteilungsqualität.

Unzulänglichkeiten von Tests Allerdings darf nicht übersehen werden, dass alle Untersuchungen zur Persönlichkeitseinschätzung auch ihre Schwachstellen haben. Bei diesem Test dürfte das die als Erfolgsmaßstab dienende Selbsteinschätzung der Testpersonen sein. Auch die Beurteilung eigener Wesensmerkmale kann unzutreffend oder – besser gesagt – unrealistisch sein.

Trotz des Bemühens um eine ehrliche Antwort kann ein unbewusstes Wunschdenken die Einschätzung verfälschen. Das gilt besonders dann, wenn ein Beurteilungskriterium als negative Charaktereigenschaft verstanden wird. Trotz allen Bemühens, die Testkriterien wertfrei zu formulieren, lassen sich derartige Einflussfaktoren nie völlig ausschließen. Der eine hält Sparsamkeit für eine Tugend, während ein anderer sie als Geiz interpretiert und somit als negative Eigenschaft. Hinzu kommen Verständnisunterschiede hinsichtlich der Wortbedeutungen: Was ist beispielsweise unter „unbekümmert" überhaupt zu verstehen und wann ist ein Mensch als eher „rational" oder „emotional" einzuordnen? Jeder Mensch hat schließlich auch sein eigenes Sprachempfinden.

Bei aller Skepsis dürften jedoch folgende Annahmen gerechtfertigt sein:

Dennoch aussagefähige Ergebnisse

- Auch wenn einige der Testpersonen bei ihren Selbsteinschätzungen an dem einen oder anderen Punkt einer Selbsttäuschung erlegen sind, dürfte das Gesamtbild, das sie von sich zeichneten, der Wahrheit nahegekommen sein. Die Tendenzen der Testaussagen dürften dadurch nicht grundlegend verfälscht worden sein.
- In der großen Menge von über 17.000 Einzelurteilen dürften sich graduelle Definitionsunterschiede bei den Kriterienbegriffen gegenseitig ausgeglichen haben und somit die Aussagefähigkeit der Gesamtergebnisse nicht infrage gestellt sein.

Trotz einiger methodischer Unsicherheiten haben die Tests deutlich gemacht, dass die Fähigkeit zur Menschenkenntnis meist maßlos überschätzt wird.

Hauptgrund für falsche Personeneinschätzungen

Hauptverantwortlich für die schwachen Testergebnisse dürfte in erster Linie das Rollenverhalten während der Seminare gewesen sein. Die Teilnehmer zeigten sich den anderen nicht unbedingt von ihrer echten Seite, sondern vor allem so, wie sie als Seminarteilnehmer oder Kollege gesehen werden wollten.

Verfälschendes Rollenverhalten

Unser Selbstwertgefühl oder taktische Erwägungen bewirken – wie oben bereits erwähnt –, dass wir möglicherweise unbewusst versuchen, durch unsere Verhaltensäußerungen anderen ein möglichst positives Bild von uns zu vermitteln. Deshalb steuern wir unser Verhalten so,

- dass es so weit wie möglich unserem jeweiligen Rollenverständnis beziehungsweise unserem gewollten Erscheinungsbild entspricht und
- den tatsächlichen oder vermuteten situationsabhängigen Erwartungen unserer Mitmenschen gerecht wird.

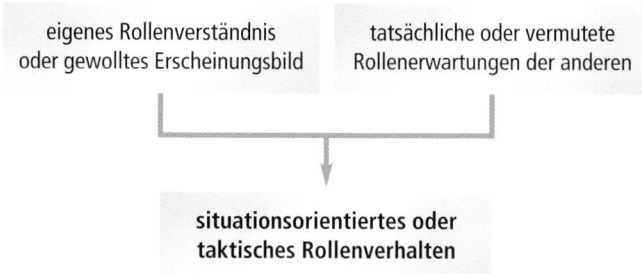

Empfinden wir eine unserer Persönlichkeitseigenschaften als Schwäche oder erscheint sie uns in einer bestimmten Situation als nachteilig, neigen wir dazu, alles zu vermeiden, was diesen Mangel durch unser Verhalten erkennbar machen würde. Wir verhalten uns gegenüber anderen dann möglicherweise genau entgegengesetzt, als es unserem tatsächlichen Wesen entspricht. Logischerweise schlägt sich das dann darin nieder, wie uns die anderen sehen, und führt dazu, dass sie uns völlig unzutreffend einschätzen.

Aufmerksam beobachten   Ein derartiges taktisches oder unbewusstes Täuschungsverhalten lässt sich erst dann durchschauen, wenn man den Betreffenden lange genug beobachten konnte oder ihn in mehreren unterschiedlichen Rollen erlebt hat. Irgendwann kommt dann normalerweise sein natürliches Wesen zum Vorschein.

Erst durch ausreichende Beobachtung lässt sich ein irreführendes Rollenverhalten erkennen und zutreffend einordnen.

Ist Menschenkenntnis alters- und geschlechtsabhängig?

Einflüsse des Lebensalters

Es ist zu vermuten, dass sich die Menschenkenntnis mit zunehmender Lebenserfahrung verbessert und sie umso treffsicherer wird, je häufiger man sich ein Urteil über andere Menschen bilden musste und erkennen konnte, inwieweit man richtig lag oder inwieweit man sich von einem taktischen Rollenverhalten oder durch andere Beurteilungserschwernisse hatte täuschen lassen.

Zunehmende Lebenserfahrung

Hinzu kommt, dass mit dem Lebensalter bei den meisten Menschen das Sicherheitsbedürfnis zunimmt. Die wachsende Summe negativer Erlebnisse und Enttäuschungen hat sie vorsichtiger werden lassen. Sie gehen auf andere Menschen weniger spontan und unkritisch zu, sondern wägen mehr ab und versuchen, sich ein vollständigeres Bild von jemandem zu machen, ehe sie seinen Verhaltensäußerungen trauen.

Wachsendes Sicherheitsbedürfnis

Die Testauswertung bestätigt diese Vermutungen. Der Übereinstimmungsgrad betrug:
- bei einem Lebensalter bis zu 30 Jahren durchschnittlich 58,5 Prozent,
- zwischen 31 und 50 Jahren durchschnittlich 59,7 Prozent und
- über 50 Jahre durchschnittlich 64,1 Prozent.

Dennoch erreichte selbst die Gruppe der über 50-Jährigen den als mittelmäßig definierten Wert von 75 Prozent nicht!

Steigendes Lebensalter erhöht zwar die Urteilsfähigkeit, führt aber auch bei älteren Menschen nicht immer zu einer wirklich treffsicheren Menschenkenntnis.

Geschlechtsspezifische Unterschiede

Beziehungs-orientiertheit von Frauen

Zahlreiche Untersuchungen kommen zu der Aussage, dass Frauen statistisch gesehen stärker personen- und beziehungsorientiert sind als Männer. Manche gehirnbiologischen Experimente lassen auch den Schluss zu, dass Frauen aus der Mimik eines Menschen sensibler auf dessen Gefühle schließen. Diese Erkenntnisse hatten erwarten lassen, dass die weiblichen Teilnehmer bei den Tests besser abschneiden.

Zwar zeigt die Testauswertung eine derartige Tendenz, jedoch ist der Unterschied der geschlechtsbezogenen Ergebnisse weit geringer, als zu vermuten war: Die weiblichen Testpersonen erzielten 60,7 Prozent Übereinstimmung, die männlichen erreichten 59,1 Prozent. Der Unterschied betrug demzufolge weniger als zwei Prozentpunkte, was im Bereich von Zufälligkeiten liegen kann. Eine Erklärung könnte sein, dass Frauen eben auch die situationsabhängigen oder taktischen Verhaltensäußerungen besonders aufmerksam wahrnehmen und entsprechend stark in ihre Persönlichkeitsbeurteilungen einfließen lassen. Auch können unangemessen gefühlsgeprägte Interpretationen eine Rolle spielen.

Die Tests erbrachten nur graduelle Unterschiede zwischen der Menschenkenntnis von Älteren und Jüngeren sowie von Frauen und Männern.

2. Grundsätzliches zu Personal- beurteilungen

Sinn und Zweck von Personalbeurteilungen

Da es um die allgemeine Menschenkenntnis so schlecht bestellt ist, stellt sich die Frage, ob betriebliche Personalbeurteilungen überhaupt sinnvoll sind.

Zunächst ist zu klären, was eine Personalbeurteilung als Aussage liefern soll. In der Tat fragwürdig ist es, wenn man von ihr ein wahres Bild vom Charakter eines Mitarbeiters erwartet. Wenn man also wissen will, welche grundlegenden geistig-seelischen Eigenschaften ein Mensch besitzt, wie er „normalerweise" denkt und fühlt. Derartige Bemühungen führen häufig in die Irre und liefern für den Betriebsalltag keine zuverlässigen Informationen. Die Frage ist aber, inwieweit man diese Informationen für eine Mitarbeiterbeurteilung überhaupt benötigt.

Nur zweckdienliche Aussagen machen

Wie im Abschnitt „Hauptgrund für falsche Personeneinschätzungen" erläutert, verdeckt vor allem das situationsabhängige Rollenverhalten oft die echten Wesensmerkmale. Und selbstverständlich spielen die Mitarbeiter auch am Arbeitsplatz ihre spezifischen Rollen und können nur dementsprechend eingeschätzt werden. Für eine Mitarbeiterbeurteilung ist aber gerade dieses Rollenverhalten von ausschlaggebender Bedeutung.

Bedeutung des Rollenverhaltens

> **Es ist weniger wichtig, wie ein Mitarbeiter in seinem Innersten „ist", als wie er sich am Arbeitsplatz „verhält"!**

Keine Charakterstudien betreiben

Ein Arbeitsverhältnis ist schließlich nichts weiter als eine vertragliche Vereinbarung, die den Mitarbeiter verpflichtet, gegen Bezahlung angemessene Arbeitsleistungen zu erbringen und sich an den Unternehmensbelangen orientierend zu verhalten. Während sich die charakterlichen Eigenschaften eines Menschen nur schwer ermitteln lassen, kann man bei fachkundiger und ausreichender Beobachtung das Arbeitsverhalten sehr wohl zutreffend beurteilen.

> **Als Personalbeurteiler sollte man keine Charakterstudien betreiben, sondern sich auf Verhaltensbeobachtungen beschränken.**

Notwendigkeit von Beurteilungen

Trotz aller Probleme der Personeneinschätzung ist es für die Arbeitsprozesse im Unternehmen unverzichtbar, sich ein Bild von den Fähigkeiten und Leistungen der Mitarbeiter sowie von deren Arbeitsverhalten zu machen. Dies gilt besonders:

- bei Entscheidungen über den Personaleinsatz,
- für Beförderungsvorschläge,
- zur Bemessung von Leistungsvergütungen,
- bei der Auswahl für Weiterbildungsmaßnahmen,
- beim Verfassen turnusmäßiger Beurteilungen und
- beim Formulieren von Arbeitszeugnissen.

Neben diesen formellen Beurteilungen müssen sich Vorgesetzte nahezu täglich entscheiden, welchen Mitarbeitern sie welche Aufgaben übertragen, um optimale Arbeitsergebnisse zu erzielen.

Vorgesetzte müssen sich fortwährend ein Urteil über die aktuelle Leistungsfähigkeit ihrer Mitarbeiter bilden.

Obwohl es die absolut richtige und objektive Beurteilung nicht geben kann, bleibt den Beurteilern nichts anderes übrig, als sich nach bestem Wissen und Gewissen um zutreffende Einschätzungen zu bemühen. Sie müssen versuchen, keine vermeidbaren Beurteilungsfehler zu begehen und mit ihren Werturteilen den tatsächlichen Gegebenheiten und dem Zweck der Beurteilung bestmöglich zu entsprechen.

Hohe Verantwortung der Beurteiler

Durch ihre Einschätzungen und deren personelle Konsequenzen üben Beurteiler in doppelter Hinsicht maßgeblichen Einfluss auf das Unternehmen und seine Beschäftigten aus.

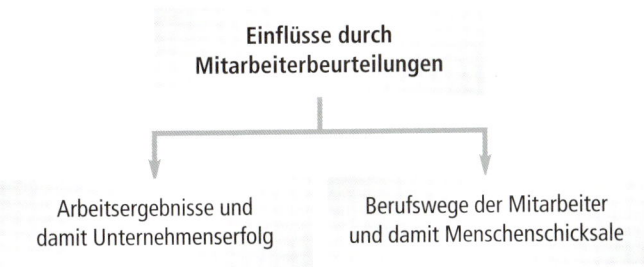

Als Beurteiler übernimmt man große Verantwortung und muss daher seine Werturteile mit der gebotenen Sorgfalt fällen.

Bei Mitarbeiterbeurteilungen geht es immer um das Bewerten menschlicher Eigenschaften und Verhaltensweisen und es werden somit zwangsläufig die Selbstwertgefühle der Beur-

Selbstwertgefühle respektieren

27

teilten berührt. Daher ist die Gefahr groß, dass negativ empfundene Beurteilungen Enttäuschungen hervorrufen oder zu Auseinandersetzungen führen, die das Arbeitsklima belasten. Das jeweilige Beurteilungsverfahren und dessen Handhabung dürfen daher nicht dazu führen, dass Beurteilungen von den Mitarbeitern grundsätzlich als negativ empfunden und abgelehnt werden.

> **Es ist die Aufgabe der Führungskräfte, dafür zu sorgen, dass die Mitarbeiter Verständnis für Beurteilungen aufbringen, damit die gewünschten Effekte erzielt werden.**

Es muss für die Mitarbeiter erkennbar sein, dass
- es sich nicht um reine Verwaltungsakte oder Prinzipienreitereien handelt,
- Beurteilungen nicht vorrangig als Disziplinierungsinstrumente gedacht sind,
- sie sich auf Merkmale beschränken, die für den Arbeitserfolg bedeutsam sind,
- sie sich an realistischen und zweckgerechten Maßstäben orientieren,
- der Verfahrensaufwand in einem vernünftigen Verhältnis zum Nutzen steht und
- Beurteilungen schließlich auch dem Nutzen der Mitarbeiter selbst dienen.

Für Beurteilungsakzeptanz sorgen

Folgende Maßnahmen können dazu beitragen, die nötige Akzeptanz für Beurteilungen zu schaffen:
- erfolgsgerichtetes, transparentes und zur Unternehmenskultur passendes Beurteilungssystem wählen
- dafür sorgen, dass alle Beurteiler mit dem Verfahren und seinen Grundsätzen hinreichend vertraut gemacht werden
- Beurteilungsfähigkeit der zuständigen Führungskräfte durch Weiterbildung fördern

- alle Mitarbeiter ähnlicher Aufgabenbereiche gleichermaßen und in regelmäßigen Abständen beurteilen und darüber hinaus nur aus besonderen, einsehbaren Anlässen
- aufgrund einheitlicher und sachgerechter Bewertungsmaßstäbe urteilen
- Mitarbeiter darüber aufklären, inwiefern Beurteilungen für den gesamten Arbeitserfolg wichtig sind
- Nutzen für die Mitarbeiter selbst aufzeigen und ihnen bewusst machen, dass Beurteilungen die Grundlagen für gerechte Aufgabenverteilungen, Entlohnungen, Förderungen und Beförderungen schaffen
- Beurteilungen den Mitarbeitern unverzüglich zur Kenntnis geben und mit ihnen besprechen

Damit Personalbeurteilungen ihren Zweck erfüllen, müssen sie realistischen Beurteilungszielen dienen und von den Beurteilten weitestgehend akzeptiert werden.

Arten und Verfahren von Beurteilungen

Eine Mitarbeiterbeurteilung sollte nicht dazu dienen, die Persönlichkeit des Mitarbeiters zu analysieren, um ihn dann in ein starres Werteschema einzuordnen.

Traditionelle Beurteilungen, die die Persönlichkeit eines Mitarbeiters analysieren, vernachlässigen die
- verschiedenartigen Beurteilungsziele,
- die unterschiedlichen Beurteilungssituationen,
- die Individualitäten der Beurteiler und
- die Komplexität der Mitarbeiterpersönlichkeit.

Oberstes Ziel einer Mitarbeiterbeurteilung Vielmehr muss es darum gehen, dem Mitarbeiter eine Rückmeldung, ein Feedback, zu geben, wie seine Leistungen und sein Verhalten vom Vorgesetzten wahrgenommen werden und inwieweit sie den Erwartungen entsprechen. Diese Information ist für ihn schon deshalb wichtig, weil er sich möglicherweise selbst ganz anders sieht und daher das Verhalten des Vorgesetzten – und vielleicht auch das der Kollegen – ihm gegenüber bisher nicht richtig deuten und demzufolge auch nicht akzeptieren konnte.

Nicht die Analyse, sondern die Reflexion ist gefragt!

Es ist nur allzu menschlich, wenn manchmal bei einem Mitarbeiter Selbst- und Fremdbild nicht übereinstimmen. Nicht selten kommt es zu solchen Diskrepanzen, weil die Beobachtungen des Vorgesetzten lückenhaft waren und es sich bei seinen Beurteilungsergebnissen lediglich um Interpretationen beziehungsweise sehr subjektiv gefärbte Bewertungen seiner nicht repräsentativen Wahrnehmungen handelt. Umso wichtiger ist es, dass dem Beurteilten spätestens im Beurteilungsgespräch die Gelegenheit gegeben wird, auf eventuelle Beobachtungsdefizite oder vermeintliche Fehleinschätzungen hinzuweisen.

Feedback-Regeln Damit das Feedback des Vorgesetzten vom beurteilten Mitarbeiter angenommen werden kann und damit die gewünschte aufbauende Wirkung erzielt wird, sind bei formalen Beurteilungen einige Grundregeln zu beachten. Die Rückmeldungen sollten

- möglichst wertfreie Beschreibungen sein,
- sich auf konkrete und aktuelle Erkenntnisse beschränken,
- die Persönlichkeit des Beurteilten respektieren sowie
- fair und angemessen sein.

Entsprechend ihrem Zweck und Anlass unterscheidet man folgende Kategorien von Personalbeurteilungen:

Beurteilungs-kategorien

- **Bewerberbeurteilungen:** Sie sind das Ergebnis von Vorstellungs- beziehungsweise Einstellungsgesprächen mit Bewerbern um einen angebotenen Arbeitsplatz und dienen der Auswahlentscheidung für die Stellenbesetzung.

- **Probezeitbeurteilungen:** Sie treffen Aussagen über die erbrachten Leistungen sowie das Verhalten während der Probezeit beziehungsweise der Einarbeitung und dienen der Entscheidung, ob mit dem Betreffenden ein längerfristiger Arbeitsvertrag abgeschlossen werden soll.

- **Regelbeurteilungen:** Das sind Beurteilungen, die unabhängig von aktuellen Anlässen in bestimmten Zeitabständen für alle Mitarbeiter zu erstellen sind. Sie sollen den Mitarbeitern regelmäßig Rückmeldungen geben über ihren momentanen Leistungsstand sowie ihre Leistungsentwicklung und ihr Verhalten während des Beurteilungszeitraums.

- **Potenzialbeurteilungen:** Sie sind Einschätzungen persönlicher Fähigkeiten und Eigenschaften sowie deren Entwicklungsmöglichkeiten – relativ unabhängig von den aktuellen Arbeitsaufgaben. Sie sollen Prognosen liefern über die Verwendbarkeit in anderen Tätigkeitsgebieten, zum Beispiel bei der Besetzung von Beförderungsposten, oder sollen der Planung von Maßnahmen zur Personalentwicklung dienen.

Vor jeder Beurteilung muss geklärt sein, für welchen Zweck sie Aussagen liefern soll.

Erst wenn geklärt ist, für welchen Zweck die Beurteilung Aussagen liefern soll, lässt sich sachgerecht festlegen, was im Rahmen des Beurteilungsvorgangs zu beobachten und zu bewerten ist. Und erst dann kann man einschätzen,

Wahl der Verfahrensart

31

welches Beurteilungsverfahren mit welchen Darstellungsformen für den vorliegenden Fall am zweckmäßigsten ist. Dabei ist auch zu berücksichtigen, welchen Vorbereitungs- und Durchführungsaufwand der jeweilige Zweck rechtfertigt.

Die Verfahrensarten Es gibt eine Vielzahl von Beurteilungsverfahren beziehungsweise -systemen, die sich hinsichtlich ihrer Methoden sowie der Darstellungsformen unterscheiden. Hinsichtlich ihrer formalen Regeln lassen sie sich in drei Kategorien einteilen:

Beurteilungsverfahren

strukturierte Verfahren	freie Verfahren	Sonderverfahren
nach festen Kriterien gegliederte Beurteilungen mit einheitlichen Bewertungsmaßstäben, meist formblattmäßig	frei formulierte Beschreibungen ohne vorgegebene Kriterien, Maßstäbe oder Darstellungsformen	Assessment-Center, Zielvereinbarungsgespräche, Eignungstests, Prüfungen, Selbstaufzeichnungen

In größeren Unternehmen ist im Allgemeinen eine einheitliche Beurteilungsmethode und Schriftform vorgegeben, sodass die Führungskräfte der operativen Unternehmensbereiche keinen Einfluss darauf haben. Doch ist es auch dann ratsam, die elementaren Merkmale der gängigen Verfahren zu kennen, um sich an bewährten Prinzipien orientieren zu können.

Beurteilungsart und Bewertungskriterien Je nach Ziel und Zweck unterscheidet man zwischen Leistungs-, Persönlichkeits- und Potenzialbeurteilungen mit den entsprechenden Beurteilungsinhalten und -kriterien. Beurteilungskriterien sind diejenigen Merkmale, zu denen die bewertenden Aussagen zu machen sind. Daher müssen sie sich strikt am jeweiligen Beurteilungsziel ausrichten. Als Beurteilungskriterien kommen infrage:

▨ Leistungsmerkmale
▨ Verhaltensweisen
▨ Persönlichkeitseigenschaften
▨ Persönlichkeitspotenziale

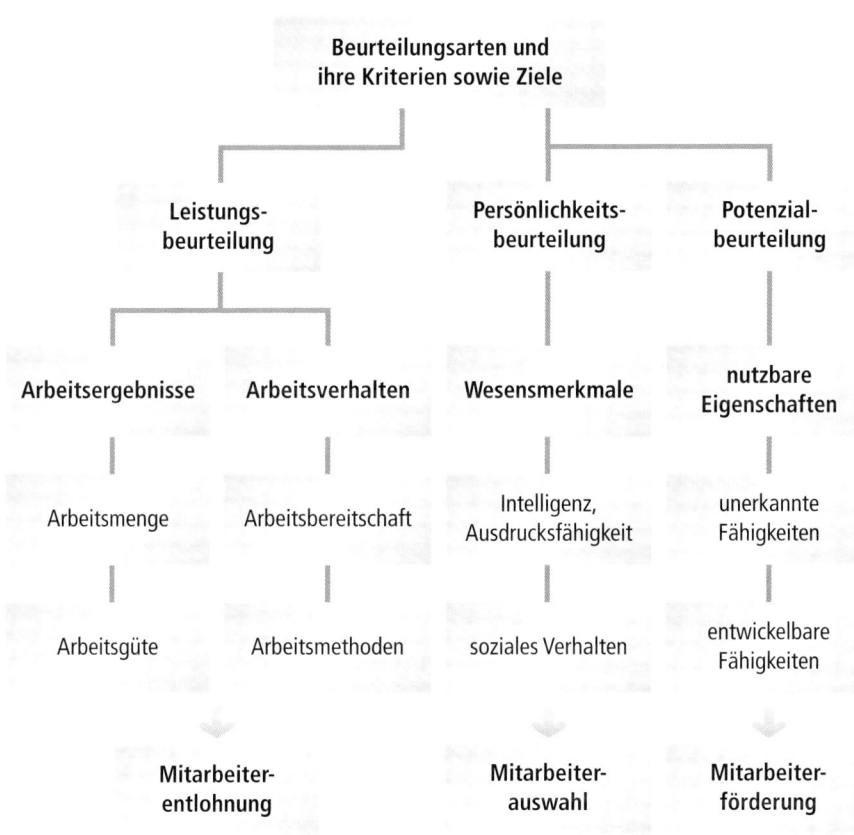

Verschiedenartige Beurteilungsziele

Leistungs- und Persönlichkeitsbeurteilungen sind vergangenheitsorientiert, das heißt sie betrachten die Leistungen und das Verhalten einer zurückliegenden Periode. Hingegen sind Potenzialbeurteilungen zukunftsorientiert. Sie liefern eine Prognose hinsichtlich der zu erwartenden Eignung für künftige Aufgaben. In der Praxis sind diese drei Grundarten allerdings nicht immer klar voneinander zu trennen. Beispielsweise kann eine Leistungsbeurteilung gleichzeitig vorausschauende Erkenntnisse für die Bewerberauswahl bei einer Stellenausschreibung liefern oder zur Auswahl für künftige Fördermaßnahmen herangezogen werden. Demzufolge werden die Beurteilungsverfahren in der Praxis manchmal als Mischformen verwendet.

> **Für die Qualität von Personalbeurteilungen ist die Wahl des passenden Beurteilungsverfahrens mit entscheidend.**

Auswirkungen fehlerhafter Beurteilungen

Fehlentscheidung bei Neueinstellungen

Bereits bei der Neueinstellung eines Mitarbeiters kann dem Unternehmen durch eine unzutreffende Eignungsbeurteilung ein nicht unerheblicher Schaden entstehen. Es kann sich herausstellen, dass die neue Arbeitskraft entgegen den in sie gesetzten Erwartungen

- Defizite in ihrer fachlichen Qualifikation aufweist,
- nicht ausreichend leistungswillig ist,
- nicht gewissenhaft arbeitet und unzuverlässig ist,
- aufgrund ihrer Mentalität nicht zu den Kollegen passt oder
- durch destruktives Verhalten den Betriebsfrieden stört.

Oft wird eine solche Fehlbesetzung erst so spät erkannt, dass bereits größerer Schaden entstanden ist oder die falsche Personalentscheidung – wenn überhaupt – nur mit unverhältnismäßigem Aufwand rückgängig gemacht werden kann. Aber selbst wenn man die Fehlentscheidung rechtzeitig erkennt und sich von dem Betreffenden noch während der Probezeit auf relativ unproblematische Weise trennen kann, verursacht die erneute Stellenausschreibung weitere Kosten.

Die schädlichen Konsequenzen von Fehlbesetzungen gelten aber nicht nur für Neueinstellungen, sondern in ähnlicher Weise auch für neu zu besetzende Arbeitsplätze aufgrund innerbetrieblicher Personalumsetzungen.

Verbesserungen der Eignungsprognosen bei Neueinstellungen schlagen sich letztendlich in der Produktivität nieder. Man geht davon aus, dass bei einer – als realistisch geltenden – Verbesserung der Vorhersagekraft aufgrund eines optimierten Auswahlverfahrens um 15 Prozent sich eine durchschnittliche Produktivitätssteigerung von etwa 6 Prozent je Mitarbeiter erzielen lässt. Geht man von einer durchschnittlichen Produktivität von 50.000 Euro pro Mitarbeiter und Jahr aus, so errechnet sich ein Steigerungsvolumen von 3.000 Euro pro Mitarbeiterjahr. Bei einer durchschnittlichen Verweildauer im Unternehmen von fünf Jahren ergibt das einen Gesamtbetrag von 15.000 Euro je Neueinstellung!

Auswirkungen auf die Produktivität

Besonders schwerwiegend können die Folgen von Fehlbesetzungen sein, wenn es sich dabei um Führungskräfte handelt. Es gibt zahllose Beispiele dafür, wie gravierend sich ein Personenwechsel in einer Führungsposition auf die Leistungsbereitschaft und das Betriebsklima im gesamten Führungsbereich auswirken kann. Schon nach kurzer Zeit kann so aus einer bislang gut funktionierenden Mitarbeitergruppe ein Problembereich werden. Je höher die Hierarchiestufe, auf der die personelle Veränderung vorgenommen wird, desto mehr wirkt sich eine Inkompetenz des neuen Stelleninhabers auch auf das Verhalten nachgeordneter Führungskräfte aus. So pflanzen sich die Missstände durch alle Ebenen fort. Er-

Fehlbesetzung von Führungspositionen

schwerend kommt hinzu, dass gerade in höheren Führungs-
etagen die Zurücknahme einer unglücklichen Stellenbesetzung äußerst delikat ist. Sie unterbleibt deshalb häufig, man
arrangiert sich mit der misslichen Situation und hofft darauf,
dass sich das Problem eines Tages von selbst erledigen wird.

Manchmal treten aber auch die entgegengesetzten Fälle ein,
nämlich dass durchaus fähige Stellenbewerber aufgrund
von Fehleinschätzungen nicht berücksichtigt werden. Auf
diese Weise wird so manches unerkannte Leistungspotenzial
nicht genutzt und versauern fähige Leute auf unterfordern-
den Posten.

Folgen empfundener Ungerechtigkeit Ins Negative gehende Falschbeurteilungen von Mitarbeitern
werden von den Betroffenen natürlicherweise als Ungerech-
tigkeit empfunden – ein Gefühl starker Enttäuschung, das
aus ehemals engagierten Mitarbeitern demotivierte machen
kann und möglicherweise sogar zu opponierenden Verwei-
gerungshaltungen oder inneren Kündigungen führt. Die an-
gerichteten psychologischen Schäden sind meist nur schwer
wiedergutzumachen und manchmal auch irreparabel.

> **Falsche Personaleinschätzungen können das Unternehmen
> teuer zu stehen kommen, weshalb Beurteilungen äußerste
> Gewissenhaftigkeit und Sensibilität erfordern.**

Gerechtigkeit und Objektivität

Was ist gerecht und objektiv? Schon beim Thema „Gerechtigkeit" scheiden sich die Geis-
ter: Darf bei einer Mitarbeiterbeurteilung lediglich die
Leistungsgerechtigkeit zählen oder muss auch die soziale
Gerechtigkeit gewürdigt werden? Muss also bei einer Leistungsbeurteilung auf angeborene oder krankheitsbedingte

Einschränkungen der persönlichen Leistungsfähigkeit Rücksicht genommen werden? Muss es bei der Bewertung des Mitarbeiterverhaltens berücksichtigt werden, wenn Verhaltensdefizite durch frühere Führungsfehler hervorgerufen wurden oder mit dem kollegialen Umfeld zusammenhängen?

Ebenso problematisch ist es mit der Forderung nach Objektivität: Wenn Menschen von Menschen bewertet werden, können deren Werturteile nur subjektiv sein. Es hat nun mal jeder Mensch seine individuellen Wertgefühle und Wertmaßstäbe, die trotz ehrlichen Bemühens um Objektivität seine Bewertungen beeinflussen. Insbesondere gilt das natürlich für Verhaltensbeurteilungen. Während Leistungen weitgehend messbar sind, lässt sich das Verhalten eines Mitarbeiters nur anhand von Vergleichen mehr oder weniger pauschal bewerten, und nur häufige beziehungsweise längerfristige Beobachtungen können zu aussagefähigen Ergebnissen verhelfen. Außerdem spielt – bewusst oder unbewusst – auch die Qualität der persönlichen Beziehung zwischen Beurteiler und Beurteiltem eine Rolle.

Es kann weder eine absolut gerechte noch objektive Mitarbeiterbeurteilung geben und somit keine einzig „richtige".

Demzufolge ist es unangebracht, sich als Beurteiler gegen den Vorwurf der Subjektivität wehren zu wollen. Selbstverständlich ist eine Mitarbeiterbeurteilung immer subjektiv! Es ist strategisch geschickter, sich dazu auch zu bekennen. Es kann nur darum gehen, klarzumachen, von welchen subjektiven Wahrnehmungen und Wertvorstellungen man ausgegangen ist und inwiefern man sich um Unvoreingenommenheit bemüht hatte.

Anforderungen an die Beurteiler Trotz der geschilderten Probleme von Personenwahrnehmungen und trotz aller Unzulänglichkeiten von Beurteilungen kommt man als verantwortliche Führungskraft dennoch nicht umhin, sich um zweckgerechte und aussagefähige Mitarbeiterbewertungen bemühen zu müssen. Dabei gilt es vor allem,

▨ sich seiner hohen Verantwortung als Beurteiler stets bewusst zu sein und sich ihr zu stellen,

▨ die möglichen Fehlerursachen von Beurteilungen zu kennen und sich zu bemühen, sie zu vermeiden,

▨ sich auf tatsächlich beobachtete und beurteilungsrelevante Sachverhalte zu beschränken,

▨ sich seiner eigenen Gefühle bewusst zu sein und sich immer wieder zu fragen, ob sie die Werturteile verfälschen könnten,

▨ sich darum zu bemühen, bei Beurteilungen ohne Ansehen der Person einheitliche und realistische Maßstäbe anzulegen sowie

▨ unmissverständliche Formulierungen zu wählen und den Interpretationsspielraum möglichst klein zu halten.

> **Beurteiler sind gehalten, sich um maximale Realitätsnähe und Aussagekraft zu bemühen.**

Typische Beurteilungsfehler und deren Vermeidung

Fehlerquellen bewusst machen Wenngleich es keine absolut fehlerfreie Beurteilung geben kann, gibt es jedoch eine Reihe von verfälschenden Beurteilungseinflüssen, die es zu vermeiden gilt. Sich der am häufigsten vorkommenden Fehler und ihrer Ursachen bewusst zu sein, kann dabei helfen, nicht aus Sorg- oder Gedankenlosigkeit unzutreffende Beurteilungen zu verfassen. Je nach

Verursacherart lassen sich die möglichen Fehlerquellen drei Kategorien zuordnen:

Systembedingte Fehlerquellen

Insbesondere dann, wenn Mitarbeiter örtlich getrennt vom Vorgesetzten arbeiten, zum Beispiel Mitarbeiter verschiedener Baustellen, Außendienstler oder Arbeiter im Schichtdienst, hat der Vorgesetzte entsprechend selten Gelegenheit, die Arbeitsweisen und das Verhalten seiner Mitarbeiter direkt zu beobachten. Ähnlich problematisch ist es, wenn der Vorgesetzte sich den einzelnen Mitarbeitern wegen einer großen Mitarbeiterzahl oder wegen einer starken eigenen Belastung nur selten widmen kann. Gerade dann ist es wichtig, jede sich bietende Gelegenheit wahrzunehmen, um die Mitarbeiter am Arbeitsplatz aufzusuchen und sich trotz der knappen Zeit in gewissen Abständen wenigstens stichprobenartig von ihren Arbeitsergebnissen zu überzeugen. Gibt es zwischengeschaltete Führungskräfte, sind diese bei der Beurteilung unbedingt hinzuzuziehen, oder man sollte sich notfalls völlig auf deren Werturteile verlassen. Statt eine völlig unzutreffende Beurteilung zu verfassen, ist unter Umständen auf eine Beurteilung besser gänzlich zu verzichten. Vor allem mit negativen Aussagen muss man bei eingeschränkter Beobachtungsmöglichkeit zurückhaltend sein.

Geringe Beobachtungsmöglichkeit

Fehlende Vergleichsmöglichkeiten Hat ein Mitarbeiter Aufgaben wahrzunehmen, die erstmalig durchzuführen sind oder nur in seinem persönlichen Arbeitsgebiet vorkommen, ist es schwierig, objektive Leistungsmaßstäbe anzulegen. Hier können nur Vergleiche mit Arbeiten weiterhelfen, die einen ähnlichen Schwierigkeitsgrad aufweisen und ähnlich hohe Anforderungen an die Anstrengungsbereitschaft stellen. Lassen sich die Ergebnisse erstmalig erbrachter Leistungen dokumentieren, können sie immerhin nach der nächsten Beurteilungsperiode zum Vergleich herangezogen werden und begründbare Aussagen über die Leistungsentwicklung ermöglichen.

Mangelnde Profilierungsmöglichkeiten Es gibt Arbeiten, die den Ausführenden wenig Chancen zur persönlichen Profilierung bieten. Sei es, weil es unspektakuläre Routinearbeiten sind, die keine besondere Aufmerksamkeit wecken, sei es, weil sie selten Gespräche mit dem Vorgesetzten erfordern. Es handelt sich dabei oft um Mitarbeiter, die fleißig und zuverlässig ihre Arbeit verrichten, nur eben kaum wahrgenommen werden. Sie werden bei Beurteilungen meist durchschnittlich bewertet und bei Fördermaßnahmen oft übersehen. Aber auch diese Mitarbeiter verdienen die gleiche Aufmerksamkeit wie allen anderen. Ihre kontinuierliche Arbeitsweise und Zuverlässigkeit sollten bei Beurteilungen besonders hervorgehoben werden.

> **Auch eine unspektakuläre, aber kontinuierliche und zuverlässige Arbeitsweise sollte gebührend gewürdigt werden.**

Beeinflussende Besonderheiten Sowohl herausragende Ereignisse, zum Beispiel besonders folgenschwere Fehler oder längere Erkrankungen, als auch untypische Arbeitsbedingungen, zum Beispiel extreme, aber kurzzeitige Belastungen, können ein Beurteilungsergebnis im negativen wie positiven Sinn verfälschen. Besonderheiten prägen sich besonders stark ein und können dazu verleiten, das Einmalige als Normalität einzuordnen. Auch können aktuelle Ereignisse die älteren aus der Erinnerung verdrängen, sodass das Beurteilungsergebnis nicht auf die gesamte Beurteilungsperiode zutrifft. Um diese Einflüsse zu relativieren, ist zu überdenken, ob sich der Mitarbeiter in der Vergangenheit oder unter andersartigen Bedingungen ähnlich verhalten hat. Man sollte sich fragen, ob die zur Beurteilung herangezogenen Einzelfälle als repräsentativ gelten können.

Sind im Unternehmen keine einheitlichen Beurteilungsregeln festgelegt, kommt es zu unvergleichbaren Beurteilungen mit schwankendem Bewertungsniveau. Das verunsichert die Beurteiler und irritiert die Beurteilten. Bei Vergleichen untereinander fühlt sich dann so mancher Mitarbeiter ungerecht eingestuft. Als Beurteiler sollte man immer wieder auf dieses Dilemma hinweisen und auf einheitliche Vorgaben drängen. Auf alle Fälle sollte man in seinem eigenen Beurteilungsbereich nach einheitlichen Bewertungskriterien und -maßstäben verfahren.

Uneinheitliche Kriterien und Maßstäbe

Manchmal übernehmen Unternehmen mangels Sachkenntnis unkritisch irgendwelche Beurteilungsverfahren aus Büchern oder entwerfen eigene, die den unternehmensspezifischen Gegebenheiten nicht gerecht werden. Auch hier sollte man als Beurteiler auf Nachbesserungen beziehungsweise individuelle Anpassungen drängen, damit die Beurteilungen den erwarteten Nutzen erbringen und nicht sogar Schaden anrichten.

Unzweckmäßige Beurteilungsverfahren

Als Verantwortungsträger sollte man unbedingt dafür sorgen, dass im Unternehmen nach einheitlichen Verfahren und Maßstäben beurteilt wird.

Erster Eindruck

Beurteilerbedingte Fehlerquellen

Der erste Eindruck, den wir von einem Menschen gewinnen, prägt unsere Personeneinschätzung ganz besonders stark und wirkt sehr lange nach. Insbesondere das auf diese Weise gebildete „Vor-Urteil" – „sympathisch" oder „unsympathisch" – kann sich unkontrolliert auf eine spätere Mitarbeiterbeurteilung auswirken. Man sollte sich immer wieder vor Augen führen, dass dieser erste Eindruck stets auf viel zu wenig Informationen beruht und dass er kein Werturteil über einen Menschen rechtfertigt. Immer dann, wenn einem ein Mitarbeiter besonders sympathisch oder unsympathisch ist, sollte man eine dementsprechend gute oder schlechte Beurteilungsnote selbstkritisch infrage stellen und prüfen, ob diese Einschätzung auf tatsächlichen Beobachtungen beruht und nicht durch ein Vorurteil gefärbt ist. Im Zweifel sollte man einen neutraleren Mitbeurteiler hinzuziehen.

Übernommene Einschätzungen

Es kann einem leicht passieren, dass man sich durch frühere eigene Beurteilungen oder die anderer Beurteiler beeinflussen lässt. Beim Hinzuziehen vorangegangener Beurteilungen ist zu bedenken, dass diese möglicherweise unter völlig anderen Bedingungen zustande gekommen sind, als sie im aktuellen Fall gegeben sind. Beispielsweise hat vielleicht der Mitarbeiter inzwischen seine Fähigkeiten verbessert oder es haben sich das Anforderungsniveau oder seine Motivationslage geändert. Daher sollte man die Ergebnisse früherer Beurteilungen nur mit äußerster Vorsicht berücksichtigen.

Persönliche Subjektivität

Naturgemäß gewinnt jeder durch seine eigenen Lebenserfahrungen individuelle Wertvorstellungen und Leistungsmaßstäbe, ist aber auch situationsbedingten Stimmungen und Gefühlen unterworfen. Um zu übertragbaren und zweckdienlichen Beurteilungen zu kommen, sollte man seine persönlichen Beurteilungsmaßstäbe immer wieder

eigene Wertvorstellungen handelt oder ob sie mit den allgemeingültigen beziehungsweise vom Unternehmen vor-
gegebenen hinreichend im Einklang stehen. Auch kann es
hilfreich sein, die Durchschnittsnoten der selbst verfassten
Beurteilungen mit denen anderer Beurteiler zu vergleichen.
Allerdings sollte das nicht dazu verleiten, sich dem Niveau
anderer unkritisch anzupassen. Es kann durchaus der Fall
sein, dass in anderen Mitarbeitergruppen ein abweichendes
Leistungsniveau herrscht oder dort gänzlich andere Anforderungen gegeben sind.

**Um zu übertragbaren Beurteilungen zu kommen, sollte
man seine persönlichen Beurteilungsmaßstäbe hin und
wieder mit den im Unternehmen allgemein geltenden
Wertvorstellungen vergleichen.**

Ohne dass wir uns dessen bewusst sind, verarbeitet unser **Selektierende**
Gehirn Wahrnehmungen, die gefühlsmäßig positiv besetzt **Wahrnehmung**
sind, sowie solche, die bereits vorhandenen Gedächtnisinhalten entsprechen, leichter als solche, die negative Gefühle auslösen oder gemachten Erfahrungen widersprechen.
Demzufolge registrieren wir besonders nachhaltig, was uns
angenehm und bekannt ist. Hingegen blenden wir Uner-
wünschtes und Ungewohntes manchmal unbewusst aus.
Dieses selektierende Wahrnehmen steht einer realistischen
Beurteilung im Weg. Daher sollte man sich immer wieder
fragen, ob man nicht irgendwelche beurteilungsrelevanten
Sachverhalte übersehen oder verdrängt haben könnte, und
auch die Meinungen anderer zur Kenntnis nehmen.

Haben wir an einem Mitarbeiter ein besonders auffälliges **Überstrahlung auf**
Persönlichkeitsmerkmal festgestellt oder zeigt er bei be- **andere Kriterien**
stimmten Arbeiten besonders über- oder unterdurch-
schnittliche Leistungen, so sind wir geneigt, ihn auch bezüg-

lich anderer Beurteilungskriterien ähnlich positiv beziehungsweise negativ einzuordnen. Daher ist es wichtig, gemachte Beobachtungen ganz bewusst nur den entsprechenden Beurteilungskriterien zuzurechnen beziehungsweise sich bei jedem einzelnen Beurteilungskriterium zu fragen, ob es dazu spezifische Beobachtungen oder Arbeitsergebnisse gegeben hat.

Projizieren eigener Eigenschaften Manche Vorgesetzten neigen dazu, ihre eigenen Neigungen oder Abneigungen, Stärken oder Schwächen in ihre Mitarbeiter hineinzudeuten. Sobald sie gewisse Ähnlichkeiten mit ihren eigenen Ansichten oder Wesensmerkmalen zu erkennen glauben, nehmen sie diese auch bei den Mitarbeitern ganz besonders sensibel auf und beurteilen den Betreffenden in diesen Punkten besonders positiv. Handelt es sich um verdrängte persönliche Schwächen des Vorgesetzten, kann dies hingegen zu besonders strengen Mitarbeiterbewertungen führen. Man kann derartigen Projektionsvorgängen entgegenwirken, indem man sich ab und zu fragt, ob man seine persönlichen Eigenheiten auch bei anderen besonders sensibel wahrnimmt.

Sprachliche Mängel Aus einer Untersuchung geht hervor, dass etwa 60 Prozent aller Beurteilungsmängel auf mangelhafter sprachlicher Darstellung beruhen. Dazu gehören:

- unverständliche Satzkonstruktionen
- verschwommene Formulierungen
- unpräzise oder mehrdeutige Begriffe
- irrelevante oder zusammenhanglose Textpassagen
- unlogische oder widersprüchliche Aussagen
- unbelegte oder nicht begründbare Deutungen

Nicht nur die Fehlerfreiheit der Bewertungen macht die Qualität einer Beurteilung aus, sondern auch deren schriftliche Ergebnisdarstellung.

Es gibt verschiedene Gründe, warum Vorgesetzte manchmal aus Bequemlichkeit eventuelle Beurteilungsmängel in Kauf nehmen oder sogar vorsätzlich falsche Beurteilungen verfassen:

Bewusste Verfälschungen

- Übernahme früherer Beurteilungen aus Vereinfachungsgründen, obwohl diese keinen aktuellen Bezug mehr haben
- Gleichmacherei oder Schönfärberei aus Scheu vor Konflikten oder wegen überzogenen Harmoniestrebens
- mehrdeutige oder schwammige Formulierungen, um unangreifbar zu sein
- bewusst unterwertige Beurteilungen, um nützliche Mitarbeiter nicht durch Beförderung zu verlieren
- Gefälligkeitsbeurteilungen, um unbequeme oder unfähige Mitarbeiter per Beförderung abgeben zu können („wegloben")
- ungerechtfertigt schlechte Beurteilungen, um Kündigungen zu begründen oder Mitarbeiter in die Resignation zu treiben (Mobbing)

> **Taktische Falschbeurteilungen sind eindeutige Pflichtverletzungen und disqualifizieren die Führungskraft.**

Abgesehen davon, dass auf diese Weise menschliches Leid angerichtet wird, bieten derartige Beurteilungen keine konstruktive Grundlage für sinnvolle Personalmaßnahmen. Sie sind schlichtweg unternehmensschädigend!

Mitarbeiterbedingte Fehlerquellen

Bewusst oder unbewusst zeigen Menschen je nach Situation ein unterschiedliches Rollenverhalten. Je nachdem, wie sie gesehen werden wollen oder welche Erwartungen andere – vermutlich – an sie haben, orientieren sie ihr Verhalten mehr oder weniger daran. Selbstverständlich gilt das auch für Mit-

Rollenverhalten

arbeiter: Um eine möglichst günstige Beurteilung zu erlangen, zeigen sie im Beisein ihres Vorgesetzten ein wunschgemäßes Verhalten. Sie arbeiten besonders fleißig und sind gegenüber Kunden ausgesucht höflich und hilfsbereit. Nicht immer entspricht das jedoch dem unbeobachteten Arbeitsverhalten. Dies muss keine gewollte Unaufrichtigkeit des Mitarbeiters sein, sondern kann einem unbewussten Anpassungsbedürfnis entspringen. Um dennoch zu realistischen Beurteilungen zu kommen, reicht es daher nicht aus, sich an einigen wenigen Beobachtungen zu orientieren. Je häufiger und in je unterschiedlicheren Situationen man Mitarbeiter beobachtet, umso eher lässt sich deren Normalverhalten erkennen. Je ranghöher der Beurteiler gegenüber dem Beurteilten ist, desto stärker tritt dieser Rolleneffekt ein. Deshalb ist es ratsam, Mitarbeiterbeurteilungen an die unmittelbaren Vorgesetzten zu delegieren oder sie zumindest mitwirken zu lassen.

Redseligkeit Manche Mitarbeiter haben ein besonders starkes Mitteilungs- oder Selbstdarstellungsbedürfnis. Sie nehmen jede Gelegenheit wahr, um mit dem Vorgesetzten ins Gespräch zu kommen und über sich und ihre (guten) Arbeitsergebnisse zu reden. Es muss sich dabei nicht um bewusste Täuschungsversuche handeln, sondern kann ein gewohnheitsmäßiges Kommunikationsverhalten sein. Wie auch immer, kann es dazu führen, dass der Vorgesetzte über einen derartigen Mitarbeiter mehr Positives erfährt als über andere und er ihn entsprechend besser beurteilt. Hier gilt es, sich der verfälschenden Effekte dieses Kommunikationsverhaltens bewusst zu sein und die spontane Bewertung unter Umständen zu relativieren.

Wortkargheit Der gegenteilige Effekt tritt ein, wenn ein Mitarbeiter ausgesprochen zurückhaltend und bescheiden ist oder echte Schwierigkeiten hat, sich zu artikulieren. Er bietet dem Vorgesetzten dadurch ungewollt wenig Chancen, die Mitarbeiterleistungen wahrnehmen und würdigen zu können. Um auch einen solchen Mitarbeiter gerecht beurteilen zu können, ist es erforderlich, mit ihm besonders häufig das Gespräch zu suchen, sich nach seinen Arbeiten zu erkundigen und ihn zu ermutigen, über sich selbst sowie seine Erlebnisse, Wünsche und Sorgen zu sprechen.

Es kommt aber auch vor, dass Mitarbeiter unaufrichtig sind und versuchen, dem Vorgesetzten bewusst ein falsches Bild zu liefern. Dazu kann zählen:

Täuschung

- das Vortäuschen von Arbeitsaktivitäten und Arbeitserfolgen,
- das Vertuschen von Fehlern, Terminüberschreitungen oder Leistungsmängeln sowie
- das Herabsetzen oder Beschuldigen von Kollegen, um sich selbst aufzuwerten.

Liegt der Verdacht nahe, dass es sich um einen Mitarbeiter dieser Sorte handelt, ist eine besonders aufmerksame Beobachtung seines Verhaltens und eine regelmäßige Kontrolle seiner Arbeiten notwendig. Bei erkannten und belegbaren Täuschungsmanövern ist der Betreffende zur Rede zu stellen.

Ein Mitarbeiter darf nicht ungerechtfertigt negativ beurteilt werden, ebenso aber verbietet es die Gerechtigkeit, negatives Mitarbeiterverhalten zu belohnen.

Rechtlicher Rahmen von Personalbeurteilungen

Rechte des Arbeitgebers

Berechtigung zur Personalbeurteilung Der Arbeitgeber ist gemäß einem Urteil des Bundesarbeitsgerichts befugt, die Eignung, Befähigung und fachliche Leistung seiner Beschäftigten zu beurteilen und die Ergebnisse in den Personalakten festzuhalten. Allerdings darf die Beurteilung nur persönliche Merkmale enthalten, die im Zusammenhang mit den Arbeitsaufgaben stehen.

Somit ist der Arbeitgeber grundsätzlich in der Lage, auch gegen den prinzipiellen Widerstand der Arbeitnehmervertretung und trotz deren Beteiligungsrechte ein Personalbeurteilungssystem durchzusetzen. Im Interesse des Betriebsfriedens sollte jedoch in einer derartigen Grundsatzfrage alles versucht werden, zu einer einvernehmlichen Regelung zu gelangen, die sowohl den Belangen des Unternehmens als auch denen der Arbeitnehmer gerecht wird. Dabei sollte nicht außer Acht gelassen werden, dass Beurteilungen auch den Mitarbeitern nützen.

Beteiligung der Arbeitnehmervertretung

Das Betriebsverfassungsgesetz, das die Mitbestimmungsrechte in Betrieben und Unternehmen regelt, und das für den öffentlichen Dienst geltende Personalvertretungsgesetz sehen hinsichtlich der Beteiligung bei Personalbeurteilungen Folgendes vor:

Allgemeine Beurteilungsgrundsätze Das Aufstellen allgemeiner Richtlinien über die Beurteilung der Angestellten und Arbeiter bedarf generell der Zustimmung durch die Arbeitnehmervertretung. Für Beamte ist der Personalrat jedoch nur eingeschränkt mitbestimmungsberechtigt, er hat nur ein Empfehlungsrecht durch die Einigungsstelle.

Dem betreffenden Arbeitnehmer steht das Recht zu, sich an zuständiger Stelle im Unternehmen zu beschweren, wenn er sich durch eine Beurteilung benachteiligt oder ungerecht behandelt fühlt. Er kann hierbei ein Mitglied des Betriebs- beziehungsweise Personalrats hinzuziehen, das dann jedoch nur unterstützend oder vermittelnd mitwirkt und zur Ver- schwiegenheit über den Gesprächsinhalt verpflichtet ist.

Beurteilungen im Einzelfall

Die Betriebs- und Personalräte sind bei allen Einstellungen, Versetzungen und Kündigungen zu beteiligen. Auf diese Weise erhalten sie automatisch Kenntnis von den Beurtei- lungen, die der jeweiligen Maßnahme zugrunde liegen. Ohnehin sind Arbeitgeber und Arbeitnehmervertretungen über die gesetzlichen Beteiligungspflichten hinaus gehalten, zum Wohle des Ganzen vertrauensvoll zusammenzuarbeiten.

Sonstige Mitwirkungs- möglichkeiten

Die Arbeitnehmervertretung sollte auch über ihre gesetz- lichen Beteiligungsrechte hinaus bei Beurteilungen hin- zugezogen oder zumindest informiert werden.

3. Auswählen von Stellenbewerbern

Gesetzliche Regelungen zur Personalauswahl

Allgemeines Gleichbehandlungsgesetz

Das 2006 in Kraft getretene Allgemeine Gleichbehandlungsgesetz – kurz AGG – hat auch weitreichende Auswirkungen auf die Personalauswahl. Demnach ist es unzulässig, Stellenbewerber wegen folgender Persönlichkeitsmerkmale zu benachteiligen:

- Rasse
- ethnische Herkunft
- Geschlecht
- Religion oder Weltanschauung
- Behinderung
- Alter
- sexuelle Identität

Interpretierbare Aussagen vermeiden

Demzufolge sind Formulierungen riskant, die als Einschränkungen wegen eines dieser sieben Merkmale ausgelegt werden können. Es kann unterstellt werden, dass nicht aufgrund der Befähigung entschieden wurde, sondern fachfremde Kriterien zugrunde gelegt wurden.

Es ist empfehlenswert, Ablehnungsbescheide weitestgehend persönlichkeitsneutral und ohne nähere Begründungen zu formulieren.

Als persönlichkeitsbezogene Differenzierungen lässt das Gesetz nur einige wenige Ausnahmen zu. Beispielsweise darf bei Stellenausschreibungen kirchlicher Einrichtungen eine bestimmte Religionszugehörigkeit vorgegeben werden. Auch sind Mindestanforderungen an das Lebens- oder Dienstalter und die Berufserfahrungen, zum Beispiel bei Führungsaufgaben, zulässig, wenn sie für eine erfolgreiche Tätigkeitsausübung unabdingbar sind.

Nur wenige Ausnahmen zulässig

Erschwerend kommt hinzu, das bei einer Klage der abgelehnte Bewerber zwar Indizien beibringen muss, die auf eine unzulässige Benachteiligung hinweisen, die Beweislast aber beim auswählenden Unternehmen liegt. Dieses muss beweisen, dass keine Ungleichbehandlung wegen der genannten Persönlichkeitsmerkmale vorliegt. Daher sollten zu jeder Auswahlentscheidung schriftliche Aufzeichnungen angefertigt und aufbewahrt werden.

Die Beweislast

Betriebsverfassungs- und Personalvertretungsgesetz

Das Betriebsverfassungs- und das Personalvertretungsgesetz sehen vor, dass für das Aufstellen von allgemeinen Auswahlrichtlinien für Einstellungen, Versetzungen und Kündigungen von Angestellten und Arbeitern generell die Zustimmung des Betriebs- beziehungsweise Personalrats einzuholen ist. Für Beamte ist allerdings nur ein Empfehlungsrecht des Personalrats über die Einigungsstelle gegeben.

Auswahlgrundsätze

Bei Einstellungen im Einzelfall hat der Arbeitgeber den Betriebs- beziehungsweise Personalrat vorher zu unterrichten und muss ihm die Bewerbungsunterlagen zugänglich machen. Innerhalb einer Woche nach der Unterrichtung kann dieser seine Zustimmung verweigern.

Einzelfallregelungen

Wer bei der Personalauswahl aus Unkenntnis oder Sorglosigkeit die gesetzlichen Vorgaben nicht beachtet, kann kostspielige arbeitsrechtliche Folgen hervorrufen.

Vorbedingungen anforderungsgerechter Bewerberauswahl

Auswirkungen der Bewerberauswahl

Die Bewerberauswahl beim Neubesetzen von Arbeitsplätzen ist eine wichtige Funktion der Personalbeschaffung. Fehlentscheidungen können hierbei schwerwiegende Folgen für den wirtschaftlichen Erfolg und das Arbeitsklima des Unternehmens nach sich ziehen. Daher zahlt sich der Aufwand für eine sorgfältige Personalauswahl allemal aus.

Die Auswahlkriterien sind entscheidend

Eine der grundlegenden Voraussetzungen für eine optimale Bewerberauswahl ist, dass dem Beurteiler eindeutige und zweckgerechte Auswahlkriterien an die Hand gegeben sind. Es muss geklärt sein, welche Anforderungen der zu besetzende Arbeitsplatz an den künftigen Arbeitsplatzinhaber stellt. Nicht immer ist das der Fall. Insbesondere bei großen, behördenähnlichen Organisationen werden manchmal Neubesetzungen als rein formaler Akt der Personalverwaltung gehandhabt und haben das vorrangige Ziel, auf dem Papier jedem Arbeitsplatz einen Personennamen zuzuordnen.

Wer über die Auswahl von Bewerbern entscheiden soll, benötigt klare Zielvorgaben und zweckgerichtete Auswahlkriterien.

In gut organisierten Unternehmen gibt es Stellenbeschreibungen, in denen die Anforderungsprofile der Stelleninhaber aufgeführt sind. Allerdings sind diese Angaben meist relativ pauschal. Bei Stellenneubesetzungen kann es zweckmäßig sein, ergänzende und zukunftsorientierte Auswahlkriterien zu formulieren. Je detaillierter und realitätsbezogener das Anforderungsprofil ist, desto erfolgreicher kann die Bewerberauswahl ausfallen.

Die Stellenbeschreibung

Sind keine Stellenbeschreibungen vorhanden, ist es unverzichtbar, für den Einzelfall ein Anforderungsprofil zu erstellen. Dabei sollten vor allem folgende Merkmale berücksichtigt werden:

Anforderungsprofil erstellen

- Arbeitsplatzmerkmale: Arbeitsinhalte, Verantwortlichkeiten, soziale Anforderungen, besondere Erschwernisse, Belastungen
- Persönlichkeitsmerkmale: fachliche Fähigkeiten, spezielle Kenntnisse, Ausbildung, Zusatzqualifikationen, Berufserfahrung, körperliche Eignung, besondere Wesensmerkmale

Auch den Bewerbern müssen die ausschlaggebenden Anforderungen bekannt sein.

Interessenten müssen selbst erkennen können, ob sie hinsichtlich ihrer Fähigkeiten für die angebotene Stelle geeignet sind und ob die Arbeitsaufgabe ihren Neigungen und Erwartungen entspricht. Andernfalls gehen übermäßig viele unbrauchbare Bewerbungen ein, was die Bearbeitung unnötig aufwendig macht, oder es bleiben manche wirklich interessante Bewerbungen aus.

Mängel mancher Stellenausschreibungen So einleuchtend das klingt, sind diese Voraussetzungen in der Praxis – vor allem bei öffentlichen Stellenausschreibungen – jedoch durchaus nicht immer gegeben. Manche Stellenanzeigen lesen sich wie wahllose Aufzählungen gut klingender oder modischer Adjektive, beispielsweise wenn die Bewerber „kommunikativ, flexibel und eigenständig" sein sollen. Es gibt Anzeigen, die eine Ansammlung von Selbstverständlichkeiten sind, andere hingegen, die ausgesprochene Universalgenies beschreiben. So ist es überflüssig, für eine Führungsposition Verantwortungsbereitschaft zu verlangen, wo doch Verantwortlichkeit für Entscheidungen und Anweisungen ein fundamentaler Bestandteil jedes Führungsauftrags ist. Andererseits ist es selbst bei der Suche nach einer Spitzenkraft unrealistisch zu verlangen, Bewerber müssten kreativ, eigeninitiativ und risikobereit sein, dabei aber besonders gewissenhaft sowie planvoll arbeiten und außerdem hohes Durchsetzungsvermögen besitzen bei gleichzeitig ausgeprägter Teamfähigkeit!

> **Wer Bewerber auszuwählen hat, sollte im eigenen, aber auch im Unternehmensinteresse bereits auf das Verfassen der Stellenausschreibungen Einfluss nehmen können.**

Beim Verfassen von Stellenausschreibungen sollten Formulierungen verwendet werden, die sicherstellen, dass sich nur Leser angesprochen fühlen, die an der betreffenden Tätigkeitsart echtes Interesse haben und sich dafür geeignet halten.

Aufgaben statt Personenbeschreibungen Dazu ist empfehlenswert, persönliche Wesensmerkmale in Ausschreibungstexten nur in begründeten Ausnahmefällen zu nennen und stattdessen die wichtigsten Tätigkeitsinhalte so konkret wie möglich zu beschreiben. Wenn der Arbeitserfolg in erster Linie vom Umgang mit Kunden oder Ge schäftspartnern oder einer guten Zusammenarbeit mit Kollegen abhängt, sollte auch das soziale Umfeld erläutert werden. Die dafür erforderlichen Persönlichkeitseigenschaften verstehen sich dann im Allgemeinen von selbst.

Es kommt weniger darauf an, welche Charaktereigenschaften ein Bewerber besitzt, sondern darauf, ob er eine bestimmte Tätigkeit verrichten kann und mit dem jeweiligen sozialen Umfeld zurechtkommt.

Bewerberauswahl bei öffentlichen Stellenangeboten

Das Bewerten von Bewerbungen ist eine zukunftsgerichtete Art der Beurteilung. Gilt es doch eine Prognose abzugeben, inwieweit sich die Bewerber auf dem zu besetzenden Arbeitsplatz bewähren würden. Wobei bei öffentlichen Stellenangeboten erschwerend hinzukommt, dass man mit den Kandidaten noch keine eigenen Erfahrungen sammeln konnte.

Bewerberauswahlen sind Prognosen

Probleme bei öffentlichen Ausschreibungen
Bei öffentlichen Stellenausschreibungen können sich zwei gegensätzliche Mengenprobleme ergeben. Zum einen können unangemessen viele Bewerbungen eingehen, was das Auswerten der Bewerbungsunterlagen entsprechend zeitaufwendig macht und das gegenseitige Vergleichen erschwert. Zum anderen können zu wenig qualifizierte Bewerbungen eingehen, sodass man die Ausschreibung wiederholen oder sich – beispielsweise aus Zeitmangel – mit Kandidaten minderer Eignung zufriedengeben muss.

Zu viele Bewerber Bei hohen Arbeitslosenzahlen gehen auf öffentliche Stellenangebote nicht selten mehrere Hundert Bewerbungen ein. Abgesehen vom hohen Bearbeitungsaufwand ist unter derartigen Umständen zu erwarten, dass eine hohe Zahl absolut ungeeigneter Bewerbungen dabei ist und besonders viele Bewerber zu übertriebenen Selbstdarstellungen tendieren – oder sogar manipulierte Unterlagen einreichen. Dem kann nur mit einer effizienten Organisation der Auswertungsarbeit begegnet werden sowie mit einer besonders kritischen Auswahl der in die engere Wahl kommenden Bewerber.

> **War der Ausschreibungstext nicht hinreichend aussagefähig, darf es nicht wundern, wenn zu viele unrealistische Bewerbungen eingehen.**

Knappes Arbeitskräfteangebot Sind hingegen Arbeitskräfte aufgrund der Arbeitsmarktlage oder branchenbedingt knapp, gehen entsprechend wenig Bewerbungen ein. Hier hilft nur, das Stellenangebot hinsichtlich der Arbeitsinhalte und Arbeitsbedingungen möglichst attraktiv zu gestalten und die Stellenanzeige auffällig, aber dennoch ansprechend zu gestalten und in verschiedenen Medien mit großer Verbreitung zu veröffentlichen. Allerdings muss dann auch mit unrealistischen Einkommens- und Karriereerwartungen gerechnet werden. Um dem gewappnet zu sein und zu keinen fragwürdigen Personaleinstellungen zu gelangen, sollte man unter Anlegung realistischer Maßstäbe rechtzeitig klären, welchen Verhandlungsspielraum man hinsichtlich der Bewerberwünsche hat.

Informationsmöglichkeiten für die Bewerberauswahl

Vielfältige Informationsquellen Für die Beurteilung der Bewerber können folgende Informationsquellen genutzt werden:
- Bewerbungsschreiben
- Bewerbungsfoto

- Lebenslauf
- Schulzeugnisse, Weiterbildungszertifikate
- Zeugnisse früherer Arbeitgeber
- zusätzliche Auskünfte früherer Arbeitgeber
- Referenzen
- telefonische Bewerberinterviews
- Bewerbergespräche
- Eignungstests, Assessment-Center
- Probearbeitstage
- grafologische Gutachten
- Veröffentlichungen der Bewerber (Bücher, Aufsätze, Vorträge)
- öffentliches Ansehen (bei hochrangigen Kandidaten)

Welche Informationsmöglichkeiten gewählt werden, hängt davon ab, welche Quellen zugänglich sind und welcher Aufwand für die jeweilige Stellenbesetzung angemessen ist.

Auswertung der Bewerbungsunterlagen

Äußerer Eindruck

Schon der optische Eindruck der Schriftstücke kann etwas über die Arbeitshaltung des Bewerbers aussagen. Dabei spielen folgende Faktoren eine Rolle:

Auch die Optik kann etwas aussagen

- Vollständigkeit
- Ordnung
- Sauberkeit
- Materialauswahl

Fehlen wichtige Unterlagen oder sind sie nicht übersichtlich geordnet, kann das darauf hindeuten, dass der Bewerber oberflächlich und sorglos zu arbeiten gewohnt ist und er wahrscheinlich nicht sonderlich anstrengungsbereit und zuverlässig ist. Hapert es an der Sauberkeit und Materialqualität, kann davon ausgegangen werden, dass er wenig Sinn für Ästhetik und die formale Gestaltung seiner Arbeitsergebnisse hat.

Allerdings sollte man sich von Äußerlichkeiten nicht allzu sehr beeindrucken lassen. Es kann sein, dass ein Bewerber seine besonders sorgfältigen Unterlagen mit professioneller Unterstützung erstellt hat oder aber ein ausgesprochen pedantischer, übervorsichtiger Typ ist. Oder ein Bewerber stand unter starkem Termindruck und konnte nur deshalb nicht die wünschenswerte Sorgfalt walten lassen.

Die äußere Form der Bewerbungsunterlagen kann einen Hinweis auf die Arbeitsgewohnheiten liefern, was aber nicht auf die ausgeschriebene Tätigkeit übertragbar sein muss.

Erst im Zusammenhang mit weiteren Auswahlinformationen kann der äußere Eindruck als taugliche Entscheidungshilfe dienen.

Das Bewerbungsschreiben

Inhalte und sprachliche Form

Die inhaltliche und sprachliche Gestaltung des Bewerbungsschreibens kann Hinweise liefern bezüglich der Eigenschaften des Bewerbers und seiner aktuellen Situation:

- Zielorientiertheit
- Motivationslage
- Arbeitsgesinnung
- Berufserfahrung
- Branchenkenntnis
- Selbstvertrauen
- Realitätssinn
- Überzeugungskraft

▨ sprachliche Ausdrucksfähigkeit
▨ Korrespondenzroutine
▨ momentanes und früheres Arbeitsverhältnis

Ein Bewerbungsschreiben, das in knapper Form die Bewerbungsgründe, Eignungsvoraussetzungen und Erwartungen des Bewerbers beschreibt, lässt auf Zweck- und Zielbewusstsein des Verfassers schließen. Die Art der Formulierungen lässt oftmals erkennen, ob ein Bewerber zur Selbstüberschätzung neigt oder jedoch ein zu schwaches Selbstvertrauen besitzt.

Oft genügt die Analyse der Bewerbungsschreiben, um eine grobe Bewerbervorauswahl vornehmen zu können.

Der schriftliche Lebenslauf

Der Lebenslauf ist eine besonders wichtige Informationsquelle. Er vermittelt einen Eindruck vom privaten und beruflichen Werdegang des Bewerbers. Interessante Rückschlüsse lassen sich aufgrund folgender Fragestellungen ziehen:

Checkliste für die Auswertung

▨ Ist der Lebensweg kontinuierlich beschrieben oder gibt es nicht begründete Lücken?
▨ Sind die wichtigsten Phasen durch beigefügte Dokumente belegt?
▨ Ist eine stete und zielbewusste persönliche Entwicklung erkennbar?
▨ In welchem Lebensalter und mit welchem zeitlichen Aufwand hat der Bewerber seine Lebensstationen durchlaufen?
▨ Hat er dabei Eigeninitiative und Flexibilität bewiesen?
▨ Sind seine schulische Bildung sowie die berufliche Aus- und Weiterbildung geeignete Voraussetzungen für die zu besetzende Stelle?

▓ Hat der Bewerber zweckdienliche Berufserfahrungen gesammelt?

▓ Scheint er lernbereit und bildungswillig zu sein?

▓ Hat er auffallend häufig oder ohne nachvollziehbaren Grund die Art seiner beruflichen Tätigkeit oder seine Arbeitgeber gewechselt?

▓ Weist der Lebenslauf auf besondere Neigungen und Stärken hin?

Ist eine größere Zahl von Lebensläufen zu analysieren, kann es hilfreich sein, sich dazu eine Auswertungstabelle mit den wichtigsten Kriterien einzurichten.

Das Bewerbungsfoto

Risiken und Nutzen Bewerbungsfotos verleiten leicht dazu, einen Bewerber von vornherein sympathisch oder unsympathisch zu finden. Wohl niemand dürfte davon gänzlich frei sein. Das Problematische daran ist, dass es – wie empirische Untersuchungen belegt haben – dazu verführen kann, auch die übrigen Bewerbungsunterlagen durch dieses Vorurteil entsprechend positiv oder negativ zu interpretieren. Man sollte sich daher stets bewusst sein, dass die äußere Erscheinung eines Menschen nur eines von sehr vielen Persönlichkeitsmerkmalen ist und für sich alleine keine verlässliche Aussage über seine Charaktereigenschaften oder Fähigkeiten liefern kann. Hinzu kommt, dass die Aufnahmequalität eines Fotos einen verfälschenden Eindruck wecken kann.

Durch das 2006 in Kraft getretene Allgemeine Gleichbehandlungsgesetz (AGG) wurden Bewerbungsfotos ohnehin infrage gestellt. Um nicht in den Verdacht zu geraten, Bewerber wegen ihres Aussehens zu benachteiligen, verzichten mittlerweile viele Unternehmen generell darauf, in ihren Stellenanzeigen Bewerbungsfotos zu verlangen.

Allerdings gibt es Berufe, bei denen ein attraktives Aussehen ein unverzichtbarer Bestandteil der beruflichen Aufgabe beziehungsweise eine wichtige Voraussetzung für den Arbeitserfolg ist. Ein Fotomodell wird nun mal vor allem des Aussehens wegen beschäftigt. Ebenso gibt es – beispielsweise in der Werbebranche oder im Vertrieb – zahlreiche Arbeitsplätze, bei denen von den Arbeitgebern aus gutem Grund großer Wert auf ein ansprechendes Äußeres gelegt wird. Hier können Bewerbungsfotos zumindest für die Vorauswahl sinnvoll sein.

Aussehen als Eignungsmerkmal

Bewerbungsfotos sollten stets mit kritischer Distanz zur Kenntnis genommen werden und können niemals das persönliche Kennenlernen ersetzen.

Die Handschriftenanalyse

Etwa 20 Prozent der deutschen Unternehmen versuchen auch durch grafologische Gutachten Aussagen über die Wesensmerkmale von Bewerbern zu erhalten. In anderen europäischen Ländern wie Frankreich, Italien und Schweiz ist die Handschriftenanalyse sogar weitaus verbreiteter. Voraussetzung dafür ist, das eine ausreichende Schriftprobe vorliegt. Deshalb verlangen manche Firmen ein handschriftlich gefertigtes Bewerbungsschreiben, einen handschriftlichen Lebenslauf oder eine gesonderte Schriftprobe. Ist der Bewerber dem nachgekommen, hat er damit stillschweigend sein Einverständnis zu einem grafologischen Gutachten gegeben. Der Wert derartiger Analysen für die Bewerberauswahl ist jedoch nach wie vor umstritten. Im Zeitalter des Computers verzichten die Unternehmen denn auch zunehmend auf handschriftliche Unterlagen. Lediglich die handschriftlichen Unterschriften unter dem Bewerbungsschreiben und unter dem Lebenslauf gelten als Selbstverständlichkeit, lassen jedoch eine detailliertere grafologische Deutung nicht zu.

Anfordern einer Handschriftenprobe

Rechtschreib-
sicherheit

In einer Hinsicht kann jedoch ein längerer handschriftlicher Text eine halbwegs sichere Erkenntnis liefern: Während bei einem mit dem Computer gefertigten Schriftsatz die Rechtschreibhilfe des Programms für Fehlerfreiheit sorgt, werden bei einem handschriftlichen Text eventuelle Rechtschreibdefizite des Bewerbers sichtbar – es sei denn, er hatte sich beim Verfassen helfen lassen. Immerhin ist es aber ein deutliches Zeichen von Nachlässigkeit, wenn er trotz seiner Unsicherheiten auf Hilfe verzichtet hatte.

> **Die Handschrift eines Bewerbers kann bestenfalls im Zusammenhang mit allen anderen Persönlichkeitsinformationen als Bewertungskriterium dienen.**

Die Schulzeugnisse

Fragwürdige
Vergleichbarkeit

Schulzeugnisse sind umso wichtiger, je jünger die Bewerber sind, zumal sie kaum andere Leistungsnachweise beibringen können. Aber auch Schulnoten sind mit einer gewissen Skepsis zu bewerten. Zum einen unterliegen sie starken subjektiven Einflüssen wie den unterschiedlichen Anforderungsniveaus der Schulen und Lehrer oder persönlichen Sympathien einzelner Lehrer. Zum anderen sind gute Schulnoten keine Garanten für beruflichen Erfolg. Es gibt daher Unternehmen, die Schulzeugnisse wegen ihre mangelhaften Vergleichbarkeit völlig unberücksichtigt lassen.

Immerhin aber können Schulzeugnisse einiges über die Lernbereitschaft und Lernfähigkeit sowie die Interessengebiete eines Bewerbers aussagen.

Die Arbeitszeugnisse

Checkliste
für die Auswertung

Den weitaus größeren Berufsbezug haben naturgemäß die Arbeitszeugnisse. Sie zählen zu den wichtigsten Informationsquellen bezüglich der fachlichen und leistungsmäßigen

Eignung für die künftige Aufgabe. Folgende Fragestellungen eignen sich für die Begutachtung:

- Sind die Zeugnisse konkret oder eher verschwommen formuliert?
- Haben die Zeugnisse einheitliche Tendenzen und weisen sie auf bestimmte Schwerpunkte hin?
- Hat der Bewerber Erfahrungen in anderen Berufen, Branchen oder Aufgabenbereichen gesammelt?
- Welche hierarchische Stellung und Eigenverantwortung hatte der Bewerber in den früheren Unternehmen?
- Wurden die einzelnen Tätigkeiten umfassend und unmissverständlich beschrieben?
- Welche Aussagen wurden zu seiner Arbeitshaltung und seinen Arbeitsleistungen gemacht?
- Wurden Angaben zu Führungsfähigkeiten gemacht?
- Enthalten die Zeugnisse auch Hinweise zum allgemeinen Sozialverhalten?
- Ist erkennbar, ob sich der Bewerber von den früheren Arbeitgebern einvernehmlich getrennt hat?
- Enden die Zeugnisse mit einer wertschätzenden Schlussformel?

Antworten auf die Mehrzahl dieser Fragen sind jedoch nur von qualifizierten Arbeitszeugnissen zu erwarten. Einfache Zeugnisse enthalten keine Aussagen zu Leistungen oder zum Verhalten.

Es gibt eine Reihe von Gründen, warum auch Arbeitszeugnisse zu falschen Rückschlüssen führen können. Beispielsweise weil der Beurteiler

Arbeitszeugnisse können auch täuschen

- Auseinandersetzungen mit dem scheidenden Mitarbeiter scheute,
- arbeitsrechtliche Konsequenzen ausschließen wollte,
- die Regeln für das Verfassen von Zeugnissen nicht beherrschte,
- nicht der tatsächlich zuständige Vorgesetzte war,

- aus Bequemlichkeit dem Mitarbeiter das Entwerfen des Beurteilungstexts überließ oder
- der Beurteilung aus persönlicher Verärgerung eine negative Tendenz gab.

Arbeitszeugnisse sind kritisch zu lesen und durch gegenseitige Vergleiche sowie weitere Informationen auf Plausibilität und verschlüsselte Botschaften zu prüfen.

Zwischen Wohlwollen und Wahrheit

Beim Auswerten von Zeugnisinhalten sollte man in Rechnung stellen, dass es die allgemeine Rechtslage verbietet, in einem Arbeitszeugnis Aussagen zu machen, die das berufliche Weiterkommen des Arbeitnehmers ungerechtfertigt erschweren können. Findet sich in einem Zeugnis dennoch eine ausgesprochen abwertende oder aggressive Aussage, hat es der Betroffene offenbar unterlassen, dagegen vorzugehen. Andererseits aber soll ein Arbeitszeugnis den Tatsachen entsprechen und aussagefähig sein. Wegen dieser Widersprüchlichkeit zwischen Wohlwollen und Wahrhaftigkeit tun sich viele Beurteiler schwer, ein ehrliches Zeugnis zu verfassen und klare Aussagen zum Leistungs- und Sozialverhalten zu machen.

Um aus dem juristischen Dilemma herauszukommen, wählen manche Vorgesetzte mehrdeutige Formulierungen oder lassen bedeutsame Zeugnisinhalte bewusst weg.

Die Zeugnissprache

In der Vergangenheit hat sich eine regelrechte Zeugnissprache herausgebildet, sozusagen „Geheimcodes" der Personalverantwortlichen. Es hat sich eingebürgert, Formulierungen zu verwenden, die auf den unbedarften Arbeitnehmer einen positiven Eindruck machen sollen, für den professionellen Insider jedoch eine negative Botschaft enthalten. Schon so mancher Arbeitnehmer war stolz auf das wohlklingende Arbeitszeugnis, das ihm mit auf den Weg gegeben wurde, und ist entsprechend enttäuscht gewesen, wenn er bei der Suche nach einer neuen Stelle immer wieder wegen mangelnder Eignung abgewiesen wurde.

In der neueren Rechtsprechung werden derartige verschlüsselten Formulierungen uneinheitlich bewertet; sie werden daher tendenziell immer seltener angewendet. Auch sind sie inzwischen durch zahlreiche Zeitschriftenartikel und Ratgeber veröffentlicht worden und können somit nicht mehr als „geheim" angesehen werden.

Immer seltener verwendet

Immer noch begegnen einem „Zeugniscodes" – insbesondere in älteren Zeugnissen – und man sollte daher die Bedeutungen der entscheidenden Formulierungen kennen.

In der folgenden Tabelle sind einige der am häufigsten vorkommenden codierten Zeugnisformulierungen aufgelistet.

Zeugnisformulierung	tatsächliche Botschaft
Er hat großes Interesse für unser Unternehmen gezeigt.	Er war zwar interessiert, aber das war es dann auch schon.
Er hat seine Aufgaben fleißig und pünktlich erledigt.	Sein fachliches Können war schwach.
Für seine Arbeit zeigte er Verständnis.	Er war ausgesprochen leistungsschwach.
Wegen seiner Pünktlichkeit war er stets ein gutes Vorbild.	Er war zwar pünktlich, aber ansonsten ein Versager.
Er war gegenüber Neuem stets aufgeschlossen.	Er hat viel Neues angefangen, aber nichts zu Ende geführt.

Zeugnisformulierung	tatsächliche Botschaft
Er verfügt über Fachwissen und zeigt Selbstvertrauen.	Er hat geringes Fachwissen und ist ein Angeber.
Er hat übertragene Arbeiten mit großer Sorgfalt erledigt.	Er ist ein Pedant ohne Eigeninitiative und Kreativität.
Durch seine Geselligkeit trug er zum Betriebsklima bei.	Er neigt zu übermäßigem Alkoholkonsum.
Er war gegenüber Kollegen stets einfühlsam.	Er suchte ständig sexuelle Kontakte zu Kolleginnen.
Im Kollegenkreis galt er als tolerant und unkompliziert.	Für seine Vorgesetzten war er aber ein schwieriger Mitarbeiter.
Mit seinen Vorgesetzten ist er stets gut ausgekommen.	Er ist ein opportunistischer Ja-Sager.

Allerdings sind derartige Sätze im Kontext zum restlichen Text und vor allem zur zusammenfassenden Leistungsnote und Schlussformulierung zu werten. Bei einem eindeutig positiven Gesamturteil können diese und ähnliche Formulierungen durchaus als positive Erläuterungen und Verstärkungen gemeint sein.

Notencodes Als Schulnotenskala für die zusammenfassende Leistungsbeurteilung werden häufig Formulierungen der in der zweiten Tabelle aufgeführten Art verwendet, wobei die sogenannte Zufriedenheitsformel überwiegt.

Enthält ein Zeugnis zu den entscheidenden Beurteilungskriterien verschlüsselte negative Bewertungen, sind begleitende positiv klingende Sätze als nichtssagendes Beiwerk zu betrachten.

Zeugnisformulierung	Beurteilungsnote
Hat die übertragenen Aufgaben stets zu unserer vollsten Zufriedenheit erledigt. Oder auch: Die Leistungen haben in allerbester Weise unseren hohen Erwartungen entsprochen.	sehr gut
Hat die übertragenen Aufgaben stets zu unserer vollen Zufriedenheit erledigt. Oder auch: Die Leistungen haben stets in bester Weise unseren Erwartungen entsprochen.	gut
Hat die übertragenen Aufgaben zu unserer vollen Zufriedenheit erledigt. Oder auch: Die Leistungen haben in jeder Hinsicht unseren Erwartungen entsprochen.	befriedigend
Hat die übertragenen Aufgaben zu unserer Zufriedenheit erledigt. Oder auch: Die Leistungen haben unseren Erwartungen entsprochen.	ausreichend
Hat die übertragenen Aufgaben im Großen und Ganzen zu unserer Zufriedenheit erledigt. Oder auch: Insgesamt haben die Leistungen unseren Erwartungen durchaus entsprochen.	mangelhaft

Der Bewerberbogen

Hat man bei einer größeren Bewerberzahl durch die erste Sichtung der schriftlichen Unterlagen eine grobe Vorauswahl getroffen, kann es für den weiteren Auswahlprozess hilfreich sein, für jeden in die engere Wahl genommenen Bewerber eine übersichtliche und einheitliche, auf die betrieblichen Erfordernisse zugeschnittene Zusammenstellung der wichtigsten Informationen anzulegen. Diese als Bewerberbogen

Übersichtliche Arbeitshilfe

bezeichnete Arbeitsunterlage sagt aus, ob zum Bewerber wichtige Daten fehlen und noch erfragt werden müssen. Sie bildet eine gute Grundlage für das Vorstellungsgespräch und erleichtert es, spätere Nachfragen zu beantworten.

> **Hat jemand häufiger Bewerber auszuwählen, bietet es sich an, für den Bewerberbogen eine tabellarische Dokumentvorlage zu entwerfen.**

Wahrheitsgehalt schriftlicher Bewerbungen

Vorsicht vor Bewerbertricks! Verständlicherweise möchte sich jeder Bewerber möglichst positiv darstellen. Schließlich ist er daran interessiert, die ausgeschriebene Stelle zu bekommen. Manche Bewerber neigen jedoch zu unrealistischen Übertreibungen oder zweckdienlichen Verharmlosungen. Verschiedene Untersuchungen deuten darauf hin, dass etwa jede dritte Bewerbung verfälschende Schönfärbereien oder sogar massive Unwahrheiten enthält. Logischerweise ist vor allem in Zeiten knapper Arbeitsplätze ein verstärkter Trend zu derartigen Praktiken zu verzeichnen.

Verschleierungen und Manipulationen In der harmlosesten Form wählen die Bewerber Wörter und Formulierungen, die zwar keine eindeutigen Unwahrheiten besagen, aber geeignet sind, falsche Vorstellungen zu wecken: Es werden persönliche Stärken und anspruchsvolle frühere Tätigkeiten besonders ausführlich und mit schmückenden Adjektiven beschrieben, eher schwächere Punkte dagegen nur kurz erwähnt oder gänzlich weggelassen.

Manche Bewerber machen aber auch eindeutig falsche Angaben oder manipulieren die Bewerbungsunterlagen. Das können Gefälligkeitsbescheinigungen von Bekannten, getürkte Lebensläufe oder frisierte Zeugniskopien sein. Im Zeitalter moderner Technik ist jeder Laie dazu in der Lage.

Hinzu kommen die Schwachpunkte mancher Arbeitszeugnisse, die nicht von den Bewerbern selbst zu verantworten sind, sondern ihre früheren Arbeitgeber verschuldet haben und die zu falschen Interpretationen führen können. Um Ärger zu vermeiden, lassen manche Chefs die Mitarbeiter ihre Zeugnisse sogar selbst verfassen, was natürlich deren Aussagewert stark infrage stellt. Ist ein Zeugnis überzogen positiv formuliert, kann das darauf hindeuten.

Irreführende Zeugnismängel

Durch derartige Täuschungen können einem Unternehmen enorme Schäden durch Fehlbesetzungen von Arbeitsplätzen entstehen. Bei Spitzenpositionen können sie existenzbedrohende Ausmaße annehmen, wie einige veröffentlichte spektakuläre Fälle gezeigt haben. Das gilt nicht nur für die Arbeitseffizienz im Unternehmen: Es ist statistisch belegt, dass kriminelle Bewerbungsverfälschungen und kriminelles Mitarbeiterverhalten wie Unterschlagungen, Diebstähle oder Korruption miteinander im Zusammenhang stehen. Unehrlichkeit bei der Bewerbung weist entweder auf entsprechende persönliche Moralvorstellungen hin oder dieser erste unentdeckte Schritt zur Unwahrheit senkt die Hemmschwelle zu weiteren unlauteren Handlungen. 70 Prozent aller in Unternehmen straffällig gewordenen Mitarbeiter hatten bereits bei ihrer Bewerbung geschummelt.

Daraus lässt sich schließen, dass Sorglosigkeit bei der Bewerberauswahl auch die allgemeine Mitarbeitermoral im Unternehmen beeinträchtigen kann. Hinzu kommt, dass es nach Auffassung vieler Arbeitsgerichte zu den Pflichten des Arbeitgebers gehört, die Gelegenheiten zu kriminellen Mitarbeiterhandlungen zu minimieren. Andernfalls könnte diese „Versuchungssituation" zu milderen gerichtlichen Bewertungen von Mitarbeiterverfehlungen führen.

Sorglose Personalauswahl gefährdet die Gesamtmoral

Eine sorgsame Analyse der Bewerbungsunterlagen hinsichtlich ihrer Glaubwürdigkeit ist für deren Verwertbarkeit unerlässlich.

Die nachstehende Checkliste kann das Überprüfen von Bewerbungsunterlagen erleichtern und es sicherer machen, dass keine fragwürdigen Punkte übersehen werden.

Checkliste für Bewerbungsunterlagen

	Ja	Nein
Sind die Bewerbungsunterlagen vollständig?	☐	☐
Deuten optische Merkmale auf eventuelle Korrekturen, Hinzufügungen oder Fälschungen hin?	☐	☐
Ist die chronologische Reihenfolge des Lebenslaufs lückenlos und plausibel?	☐	☐
Wurden Lücken im Lebenslauf glaubhaft begründet?	☐	☐
Sind aufgeführte Zeiten selbstständiger Tätigkeiten, zum Beispiel durch Verträge oder Honorarabrechnungen, belegt?	☐	☐
Sind Tätigkeitsbescheinigungen oder Zeugnisse von Verwandten beigefügt, die den Verdacht der Gefälligkeitsbescheinigung aufkommen lassen?	☐	☐
Decken sich die Datumsangaben im Lebenslauf mit den sonstigen Unterlagen?	☐	☐

Gibt es in den Unterlagen mehrdeutige oder
widersprüchliche Formulierungen? ☐ ☐

Sind die Angaben des Bewerbers zu seiner Eignung
durch seine bisherige Berufstätigkeit und durch Arbeitszeugnisse begründet? ☐ ☐

Gibt es inhaltliche Widersprüche beim Vergleich
der einzelnen Arbeitszeugnisse? ☐ ☐

Wirken angeführte Referenzen früherer Arbeitgeber
echt und glaubhaft? ☐ ☐

Deckt sich die Begründung des Bewerbers hinsichtlich seines Arbeitsplatzwechsels mit dem Wortlaut
seines letzten Arbeitszeugnisses? ☐ ☐

Stößt man bei diesem Check auf zweifelhafte oder verdäch-
tige Punkte, sollte man versuchen, die Unsicherheiten durch
das Einholen weiterer Informationen auszuräumen. Dazu
können folgende Maßnahmen dienen: **Gegenmaßnahmen**

▨ Nachfragen bei früheren Arbeitgebern; zuvor jedoch das
  Einverständnis des Bewerbers einholen; erklärt er sich
  nicht einverstanden, sollte man von einer Einstellung
  ohnehin absehen
▨ bei zweifelhafter fachlicher Qualifikation den zuständigen
  Fachvorgesetzten die Angaben begutachten lassen
▨ geht es um die Besetzung einer Vertrauensposition, kann
  es lohnenswert sein, eine Auskunftei oder Detektei ein-
  zuschalten, um zum Beispiel über Leumund oder eventuelle Lohnpfändungen Auskunft einzuholen
▨ offene Fragepunkte oder fehlende Belege durch einen
  Bewerberfragebogen oder spätestens im Vorstellungsgespräch ergänzen lassen

- Originale der Bewerbungsunterlagen vorlegen lassen und mit den Kopien vergleichen
- durch gezielte Fachfragen im Vorstellungsgespräch die Kompetenzen des Bewerbers auf die Probe stellen.
- Praxisprüfungen durch Arbeitsproben, Eignungstests oder Assessment-Center durchführen
- vertraglich eine Probezeit vereinbaren

Bewerbungsunterlagen sind sorgfältig zu prüfen und eventuell ergänzende Informationen einzuholen. Auf ein persönliches Kennenlernen sollte dennoch nicht verzichtet werden.

Bewerberauswahl bei internen Stellenausschreibungen

Vorzüge interner Personalbeschaffung Auch die Auswahlentscheidungen bei internen Stellenausschreibungen sind in die Zukunft gerichtete Maßnahmen mit all ihren Ungewissheiten. Jedoch sind die Unsicherheiten gegenüber öffentlichen Ausschreibungen insofern geringer, als man hierbei im Allgemeinen bereits im Unternehmen selbst Erfahrungen mit den Bewerbern gemacht hat. Der Beurteiler kann somit auf Informationen zurückgreifen, die unternehmensspezifisch und hinsichtlich ihres Wahrheitsgehalts zuverlässiger sind. Außerdem sind interne Bewerber gegenüber externen besser in der Lage, die ausgeschriebene Stelle hinsichtlich ihrer Anforderungen und Arbeitsbedingungen realistisch einzuschätzen. Es ist also weniger wahrscheinlich, dass sich völlig ungeeignete Kandidaten melden, was die Bewerberauswahl vereinfacht.

Motivation und Identifikation Interne Stellenausschreibungen dienen auch der Entwicklung und Förderung der eigenen Mitarbeiter. Sie eröffnen interne Aufstiegschancen und tragen somit zur allgemeinen Arbeitsmotivation sowie zur Identifikation mit dem eigenen Unternehmen bei. Außerdem bleiben bei einer derartigen Personalpolitik erfahrungsbedingte betriebsspezifische Qualifikationen dem Unternehmen erhalten.

Nachteilig gegenüber öffentlichen Ausschreibungen ist, dass **Die Nachteile**
- die Auswahlmöglichkeiten geringer sind,
- keine neuen Impulse von außen kommen und die Betriebsblindheit zunimmt,
- manchmal die sozialen Aspekte im Vergleich zu den fachlichen überbetont werden,
- das Umsetzen von Mitarbeitern Lücken an anderer Stelle schafft und
- die Berücksichtigung eigener Kollegen auf die anderen Bewerber besonders demotivierend wirken kann.

Dennoch kann der Betriebsrat fordern, dass eine vakante Stelle zunächst intern ausgeschrieben wird.

> **Für das Verfahren der internen Bewerberauswahl gelten die analogen Grundsätze öffentlicher Ausschreibungen.**

Führen zielorientierter Vorstellungsgespräche

Wie schon im Abschnitt „Bewerberauswahl bei öffentlichen Stellenausschreibungen" erläutert, sind die schriftlichen Bewerbungsunterlagen hinsichtlich ihrer Aussagefähigkeit in Bezug auf das künftige Arbeitsverhalten begrenzt und ist deren Wahrheitsgehalt manchmal zweifelhaft. Daher ist es im Allgemeinen unerlässlich, mit den in die engere Wahl genommenen Bewerbern ein oder sogar mehrere persönliche Gespräche zu führen. Gespräche dieser Art werden Vorstel-

Persönliches Kennenlernen ist unerlässlich

lungs-, Bewerber-, Bewerbungs-, Bewerberauswahl- oder auch Einstellungsgespräche genannt. Ein professionell geführtes Vorstellungsgespräch kann gleich mehrere Zwecke erfüllen:

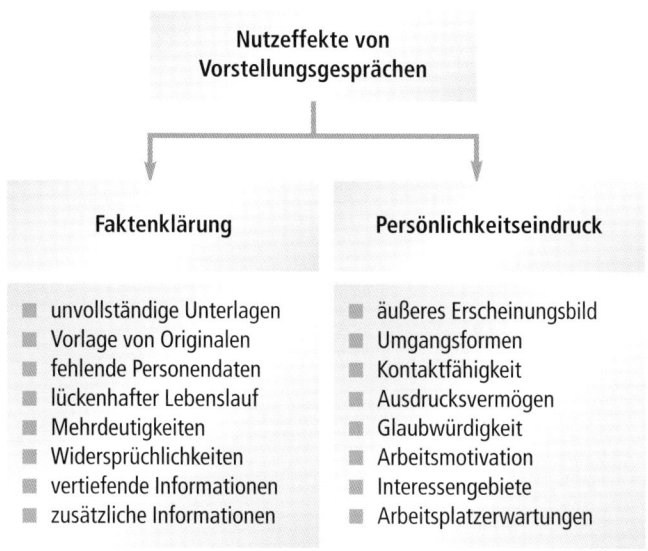

Auch für die Bewerber wichtig Andererseits sollen den Bewerbern durch die Gespräche ergänzende Informationen zum Unternehmen sowie zur ausgeschriebenen Stelle und deren Anforderungen gegeben werden, und sie sollen Gelegenheit erhalten, ihre Fragen anzubringen.

Eine künftige erfolgreiche und harmonische Zusammenarbeit ist umso eher zu erwarten, je genauer beide Seiten wissen, worauf sie sich bei einer Einstellung einlassen würden.

Hinsichtlich des inhaltlichen und formalen Aufbaus unterscheidet man drei Arten von Vorstellungsgesprächen.

Freies Vorstellungsgespräch

Beim freien Vorstellungsgespräch sind weder detaillierte Inhalte noch der Ablauf vorgegeben. Die Struktur entwickelt sich aus der jeweiligen Gesprächssituation. Ein Vorteil ist, dass ein derartiges Gespräch in einer weitgehend zwanglosen Atmosphäre verläuft und sich somit das spontane, ungezwungene Gesprächsverhalten des Bewerbers beobachten lässt. Auch werden dadurch mehr echte Ansichten und Gefühle des Bewerbers erkennbar.

Zwangloses Gesprächsklima

Allerdings besteht die Gefahr, dass sich ein unstrukturiertes Vorstellungsgespräch zu einer ziellosen Plauderei entwickelt. Dass man sich in belanglose Themen verliert, wichtige Fragen übersieht und beurteilungsrelevante Erkenntnisse ausbleiben. Beobachtungen haben ergeben, dass in Vorstellungsgesprächen dieser Art meist schon nach etwa fünf Minuten über den Kandidaten ein intuitives, sachlich nicht begründbares Urteil gefällt wird! Ein weiteres Problem ist, dass die Gespräche in freier Form wegen ihrer unterschiedlichen Strukturen nur schwer miteinander zu vergleichen sind.

Gefahr der Belanglosigkeit

Halb standardisiertes Vorstellungsgespräch

Hierbei sind die Themenkomplexe festgelegt, die angesprochen werden sollen, allerdings ohne dass dazu – von besonders wichtigen Punkten abgesehen – konkrete Fragen formuliert sind. Außerdem ist eine bestimmte Ablauffolge vorgesehen. Der zeitliche Rahmen wird jedoch meist nur grob vorgegeben und flexibel gehandhabt.

Geplante Themenbereiche und Ablauffolge

Diese Gesprächsart ist ein recht guter Kompromiss zwischen einerseits flexiblem Ablauf und zwanglosem Gesprächsklima sowie andererseits zielgerichteten Inhalten und relativ gut vergleichbaren Ergebnissen.

Standardisiertes Vorstellungsgespräch

Fragenkatalog   Zur Standardisierung der Gespräche wird vorab ein Fragenkatalog – auch Interviewleitfaden genannt – erstellt und ein zielgerichteter, folgerichtiger Gesprächsablauf festgelegt. Für diese Vorbereitungsmaßnahmen und als Manuskript für die spätere Gesprächssteuerung kann die nachstehend abgebildete Checkliste hilfreich sein. Sie erleichtert es dem Gesprächsleiter, keine wichtigen Fragepunkte zu übersehen, sich nicht von der geplanten Linie abbringen zu lassen und die Gesprächsergebnisse festzuhalten.

Einheitliche Gesprächsabläufe führen zu vergleichbaren Ergebnissen, was die nachfolgende Bewerberauswahl erleichtert.

Checkliste für Vorstellungsgespräche

Name des Bewerbers:	Gesprächstermin:		Ort:
Phase	**Gesprächsinhalte**	**besondere Fragen oder Informationen**	**Gesprächs notizen**
Eröffnung	▨ Begrüßung, Vorstellung der Teilnehmer ▨ Dank für Erscheinen und Interesse ▨ Zeitrahmen und geplanter Ablauf ▨ Zusicherung der Vertraulichkeit ▨ Bezugnahme auf Bewerbungsschreiben		
Bewerber-situation	▨ familiäre Situation ▨ beruflicher Werdegang ▨ Lebens- und Berufsplanung ▨ Mobilitätsbereitschaft ▨ momentane Berufstätigkeit ▨ Hobbys, Freizeitgestaltung		
Faktenklärung	▨ fehlende schriftliche Unterlagen ▨ Vorlage von Zeugnisoriginalen ▨ Lücken im Lebenslauf ▨ mehrdeutige/widersprüchliche Angaben ▨ gewünschte Zusatzinformationen		

Unternehmens-situation	▧ Unternehmensgröße und -struktur ▧ Produktpalette, Marktstellung ▧ eventuelle Betriebsbesichtigung		
Arbeitsplatz-situation	▧ Tätigkeitsinhalte und -anforderungen ▧ Arbeitsbedingungen		
Bewerber-erwartungen	▧ Tätigkeitswünsche ▧ Interessengebiete ▧ Karrierevorstellungen ▧ Verdiensterwartungen ▧ arbeitsplatzbezogene Fragen		
Bewerber-eignung	▧ Selbsteinschätzung der Qualifikation ▧ Ausbildungsvoraussetzungen ▧ berufliche Weiterbildung ▧ einschlägige Berufserfahrungen ▧ Branchenkenntnisse ▧ Fremdsprachen, Auslandserfahrungen		
Verdienst-und Aufstiegs-chancen	▧ Einkommensstruktur des Unternehmens ▧ Personalentwicklung und -förderung		
Vertragliche Regelungen	▧ Einkommen, Sozialleistungen ▧ Arbeitszeitregelungen ▧ Eintrittstermin, Probezeit		
Abschluss	▧ Ergebniszusammenfassung ▧ Vereinbarung weiteren Vorgehens ▧ Verabschiedung		
Gesamteindruck	▧ äußeres Erscheinungsbild ▧ Umgangsformen ▧ Kontaktfähigkeit ▧ Sprachverhalten ▧ Selbstbewusstsein ▧ Glaubwürdigkeit ▧ sonstige Beobachtungen		
Anmerkungen	▧ weitere Beobachtungspunkte ▧ Notizen für die Auswertung		

Steuerung durch den Gesprächsleiter

Für Zielstrebigkeit sorgen Insbesondere bei einem freien Vorstellungsgespräch muss der Gesprächsleiter dafür sorgen, dass das Gesamtziel nicht aus den Augen verloren wird. Dazu gehört, dass alle wichtigen noch offenen oder unklaren Punkte angesprochen werden und nichts erfragt wird, was aus den schriftlichen Unterlagen ohnehin hervorgeht. Die Fragen sollten klärenden oder vertiefenden Charakter haben und vor allem einsilbige Bewerber zum Reden ermutigen. Hingegen wird ein Vorstellungsgespräch ziemlich unergiebig sein, wenn der beziehungsweise die Unternehmensvertreter in aller Ausführlichkeit die Firma und ihre Produkte preisen oder – schlimmer noch – über ihre eigene wichtige betriebliche Funktion schwadronieren, der Bewerber aber kaum zu Wort kommt.

> **Im Interesse höchstmöglicher Beobachtungschancen sind dem Bewerber die größeren Gesprächsanteile einzuräumen.**

Die Gesprächsteilnehmer

Möglichst mehrere Unternehmensvertreter Üblicherweise vertritt der Personalleiter beziehungsweise ein von ihm beauftragter Sachbearbeiter das Unternehmen oder der für die zu besetzende Stelle zuständige Fachvorgesetzte. Nicht selten nehmen aber auch beide teil. Geht es um Spitzen- beziehungsweise Führungspositionen, leitet unter Umständen ein Mitglied der Geschäftsleitung das Gespräch.

> **Die Mitwirkung mehrerer Beurteiler hilft Missgriffe bei der Bewerberauswahl zu vermeiden.**

Ohnehin ist es ratsam, Vorstellungsgespräche in Zeugengegenwart zu führen und die Ergebnisse schriftlich festzuhalten. Kommt es später zu Beanstandungen, lassen sich die Gesprächsführung und die Auswahlentscheidung leichter rechtfertigen. Durch das Allgemeine Gleichbehandlungsgesetz ist dieser Aspekt noch erheblich bedeutsamer geworden. Allerdings kann ein zu großer Teilnehmerkreis beim Bewerber den Eindruck eines Verhörs erwecken, was ihn möglicherweise befangen macht und zu einem unnatürlichen Verhalten führt.

Möglichst zeitnahe Gespräche

Sollen mehrere Bewerber zur Vorstellung eingeladen werden, ist es empfehlenswert, die Gespräche möglichst am selben Tag abzuwickeln. So bleiben die verschiedenen Kandidaten besser im Gedächtnis und lassen sich leichter vergleichen. Können nicht alle Bewerber für denselben Tag eingeladen werden, sollten die Gespräche dennoch so zeitnah wie möglich stattfinden.

Vor- und Nachbereitung des Gesprächs

Sorgfältige Vorbereitung ist die Erfolgsgrundlage

Das Vorstellungsgespräch soll wichtige Grundlagen für eine anforderungsgerechte Personalbeschaffung liefern. Damit dieser Nutzen erzielt werden kann, sollte es sorgfältig vorbereitet sein. Das erfordert eine ganze Reihe von Maßnahmen, die zum Teil banal wirken mögen, den Gesprächserfolg aber dennoch beeinträchtigen können, wenn sie unterbleiben. Die folgende Checkliste hilft, keine bedeutsame Vorbereitungsmaßnahme zu übersehen. Sie stellt einen Maximalumfang dar. Nicht alle Maßnahmen werden in der Praxis immer erforderlich sein. Zur Vorauswahl können die zutreffenden Punkte in der dafür vorgesehenen Tabellenspalte markiert werden.

Vorbereitungscheckliste für Vorstellungsgespräche

Zu besetzende Stelle: Gesprächstermin:

Lfd. Nr.	Art der Maßnahme	erforderl. (X)	erledigt durch	erledigt am	Bemerkungen
01	einzuladende(n) Bewerber auswählen				
02	Gesprächsleiter benennen				
03	weitere unternehmensseitige Teilnehmer benennen				
04	Gesprächstermin mit allen internen Teilnehmern abstimmen				
05	Fragenkatalog oder Checkliste für die Gesprächssteuerung aufstellen				
06	ergänzende Gesprächsunterlagen zusammenstellen				
07	Bewerbungsunterlagen dem Gesprächsleiter zur Kenntnis geben				
08	Doppel des Fragenkatalogs beziehungsweise der Checkliste allen unternehmensseitigen Teilnehmern zur Verfügung stellen				
09	eventuell Abstimmungsgespräch mit den Unternehmensvertretern vereinbaren				
10	Bewerberfragebogen für zuvor noch einzuholende Informationen erstellen				
11	Bewerberfragebogen versenden (unter Umständen jedoch erst mit der Einladung) und für rechtzeitigen Rücklauf sorgen				
12	geeigneten Besprechungsraum auswählen und reservieren lassen				
13	sofern mehrere Bewerber zeitnah eingeladen werden sollen, für getrennte Wartebereiche sorgen				
14	Anfahrinformationen für den/die Einzuladenden erstellen				
15	Bewerber unter Angabe der voraussichtlichen Dauer einladen und die Einladung bestätigen lassen, gegebenenfalls anmahnen				

16	schriftliches Informationsmaterial für den/die Besucher zusammenstellen			
17	eventuell kurzes Informationsreferat oder -video vorbereiten			
18	entsprechende bildtechnische Hilfsmittel bereitstellen			
19	erforderlichenfalls Betriebs- oder Arbeitsplatz-besichtigung organisieren			
20	im Besprechungsraum für partnerschaftliche Sitzordnung sorgen			
21	Erfrischungsgetränke und Gebäck bereitstellen, Informationsmaterial für den/die Besucher bereitlegen			
22	bei längerem Einstellungsgespräch unter Umständen Mittagessen organisieren			
23	vor dem Gespräch das Raumklima prüfen (Heizung, Belüftung)			
24	Pförtner auf Besucherempfang vorbereiten			
25	…			

Eine optimale Gesprächsvorbereitung soll nicht nur inhaltlich die besten Voraussetzungen schaffen, sondern auch durch angenehme Rahmenbedingungen zu einer entspannten Gesprächsatmosphäre beitragen.

Unmittelbar nach jedem Gespräch – solange die gewonnenen Eindrücke noch frisch sind – sollte man sich einige Minuten Zeit nehmen, um eine grobe Erstauswertung vorzunehmen. Dazu sollte man sich folgende Fragen vorlegen:

Unverzügliche Erstauswertung

▨ War das Gespräch geeignet, einen realistischen Eindruck von der Bewerberpersönlichkeit zu gewinnen?

81

▓ Hat das Gespräch alle gewünschten Informationen erbracht oder wurden wesentliche Fragen übergangen beziehungsweise nicht ausreichend geklärt?

▓ Können die offenen Punkte nachträglich schriftlich oder telefonisch geklärt werden oder ist es angemessen, ein weiteres Gespräch zu führen?

▓ Welche entscheidungsrelevanten Informationen geben die Gesprächsaufzeichnungen her?

Gemeinsames Auswertungsgespräch Waren mehrere Beurteiler am Gespräch beteiligt, bietet es sich an, diese Fragen in gemeinsamer Runde zu diskutieren und sich im Hinblick auf eventuelle Beobachtungsdefizite oder Beurteilungsunsicherheiten abzustimmen.

Wegen ihrer weitreichenden Konsequenzen sind Vorstellungsgespräche gewissenhaft vorzubereiten und sorgsam zu führen.

Rechtliche Belange bei Vorstellungsgesprächen

Keine Anfechtungsgründe liefern Schon bei den Vorstellungsgesprächen ist darauf zu achten, dass keine Ansatzpunkte für eine spätere Anfechtung der Auswahlentscheidung geschaffen werden. Insbesondere im Hinblick auf das Allgemeine Gleichbehandlungsgesetz (AGG) muss alles vermieden werden, was den Verdacht einer Benachteiligung oder gar Diskriminierung aufkommen lassen kann. Aber auch andere Rechtsvorschriften wie das Schwerbehindertengesetz oder Datenschutzgesetz müssen beachtet werden.

Bei der Bewerberauswahl kommt es daher zwangsläufig zu Interessenkonflikten, wie die folgende Abbildung zeigt.

Im Vorstellungsgespräch sollten daher Fragen folgender Art vorsorglich vermieden werden:

Problematische Fragestellungen

- politische, religiöse oder weltanschauliche Fragen, die keinen Bezug zur künftigen Tätigkeit haben
- Fragen nach der privaten Lebensführung, die in die Intimsphäre reichen
- Fragen zur privaten Lebensplanung, zum Beispiel zum Kinderwunsch
- Fragen nach Vorstrafen und Eintragungen im Verkehrszentralregister sowie nach körperlichen oder gesundheitlichen Einschränkungen, sofern diese nicht von schwerwiegender Bedeutung für die angestrebte Tätigkeit sind
- Fragen nach persönlichen Gründen für Brüche in der beruflichen Entwicklung, da Bewerber keine ungünstigen Lebensumstände offenlegen müssen, die nicht mehr aktuell sind
- Fragen nach dem bisherigen Einkommen und Urlaubsanspruch, da sie Bewerbern den Verhandlungsspielraum einengen

▨ Fragen, mit denen man Bewerber nötigt, schlecht über sich oder andere zu sprechen, zum Beispiel: „Gab es Konflikte, wegen derer Sie bei Ihrem vormaligen Arbeitgeber ausgeschieden sind?"

▨ Fragen, die bereits durch ihre Formulierung eine diskriminierende Note aufweisen, zum Beispiel: „Sind Sie vorbestraft?" oder „Leiden Sie an einer ansteckenden Krankheit?".

Aufgrund des Allgemeinen Gleichstellungsgesetzes sind selbst Fragen nach dem Alter oder der ethnischen Herkunft problematisch geworden, weil auch daraus fachfremde Benachteiligungen konstruiert werden können.

Besteht Informationsbedarf zu sensiblen Bereichen, sollte man besser das Gespräch auf indirekte Weise in diese Richtung lenken und es dem Bewerber überlassen, inwieweit er sich dazu äußert.

Wegen des Datenschutzes schließlich muss darauf geachtet werden, dass die gewonnenen Personendaten nicht anderweitig verwendet werden. Nach Abschluss des Auswahlverfahrens müssen sie vernichtet werden. Es sei denn, sie sind mit Wissen des Bewerbers zu begründetem Verbleib bestimmt.

Um juristischen Auseinandersetzungen vorzubeugen, sollte man im Vorstellungsgespräch grundsätzlich nur Fragen stellen, die eindeutigen Tätigkeitsbezug aufweisen und wertneutral formuliert sind.

Systematische Auswahlentscheidung

Unterbewusstsein und Entscheidungsverhalten

Gehirnbiologische Untersuchungen haben bewiesen, dass wir unsere Entscheidungen weit häufiger unbewusst und gefühlsmäßig treffen, als wir es wahrhaben wollen.

Die durch unsere Sinnesorgane aufgenommenen Informationen gelangen wie bereits beschrieben als elektrische Nervenimpulse zunächst über das Stammhirn in das limbische System. Hier entscheidet es sich, ob sie mit positiven oder negativen Gefühlen besetzt werden. Erst mit diesen emotionalen Bewertungen versehen werden sie an das Großhirn zur rationalen Verarbeitung weitergeleitet.

Entscheiden ist ein emotional besetzter Vorgang

Doch auch ohne emotionale Einflüsse ist unser Gehirn schnell überfordert, eine optimale Bewerberauswahl zu treffen. Wir müssen nämlich die Bewerber durch wechselseitiges Vergleichen sämtlicher Informationen, die wir über sie besitzen, in eine anforderungsbezogene Rangfolge bringen. Dabei sind alle Informationen aus Bewerbungsschreiben, Lebensläufen, Bewerbungsfotos, Schul- und Arbeitszeugnissen sowie die Erkenntnisse aus allen Vorstellungsgesprächen und eventuell durchgeführten Tests anhand der Auswahlkriterien zu bewerten und in Beziehung zueinander zu bringen. Bedenkt man diese zu vernetzende Informationsfülle, wird es verständlich, dass wir hierbei schnell an die Leistungsgrenzen unserer Gedächtnisse stoßen. Die Folge: Um überhaupt zu einer Entscheidung zu kommen, entscheiden wir dann oftmals doch mehr „aus dem Bauch heraus" und konstruieren uns über den Verstand im Nachhinein eine logische Begründung. Das muss jedoch nicht so sein.

Überforderung der Merkfähigkeit

85

Entscheidungstabelle für die Bewerberauswahl

Eine Entscheidungstabelle kann helfen, trotz großer Datenmengen zu einer sachlich begründeten und auch später noch nachvollziehbaren Auswahl zu gelangen.

Tabellenaufbau Im Folgenden ist eine derartige Arbeitshilfe abgebildet, die sich in ihrem grundsätzlichen Aufbau auch bei andersartigen Entscheidungsprozessen bewährt hat. Die in der Tabelle aufgeführten Auswahlkriterien können bei Bedarf in den Leerzeilen ergänzt werden. Reichen die Namensspalten für die Bewerberzahl nicht aus, sind weitere Blätter anzufügen.

Bewerberauswahl

Stellenausschreibung: Beurteiler: Datum: Bl.-Nr.:

Gewichtung (G):   Bedeutung sehr hoch = 5 Punkte   hoch = 4   mittel = 3   gering = 2   sehr gering = 1
Bewertung (B):   Zielerreichung sehr gut = 5 Punkte   gut = 4   befriedigend = 3   schlecht = 2   sehr schlecht = 1
Nutzwert (N):   G x B = N

Bewerbernamen →

Auswahlkriterien ↓

Kriterienbeschreibungen	G	B	N	B	N	B	N	B	N	B	N	B	N	B	N	B	N	B	N
Optischer Eindruck der Bewerbungsunterlagen (Ordnung, Sauberkeit, Materialauswahl)																			
Qualität d. Bewerbungsunterlagen (Vollständigkeit, Glaubwürdigkeit)																			
Aufbau d. Bewerbungsschreibens (Gliederung, sprachlicher Ausdruck, Überzeugungskraft)																			
Aussagen des Bewerbungsschreibens (Zielbewusstsein, Motivation, Selbstvertrauen)																			

Bewerbernamen → Auswahlkriterien ↓ Kriterienbeschreibungen	G	B	N	B	N	B	N	B	N	B	N	B	N	B	N	B	N	B	N
Gesamteindruck des Lebenslaufs (Lückenlosigkeit, Kontinuität, Plausibilität, Lichtbild)																			
Informationen des Lebenslaufs (Lebensalter, Lebenssituation, Zielstrebigkeit, Flexibilität)																			
Schulbildung (Art des Schulabschlusses, Fächerwahl, Zeugnisnoten)																			
Berufsausbildung (Ausbildungs-/Studienabschlüsse, Benotungen, Anforderungsbezug)																			
Zusatzqualifikationen (Weiterbildung, Eignungsnachweise)																			
Sprachkenntnisse (Fremdsprachenart, Kenntnisniveau, Praxis-/Auslandserfahrung)																			
Berufserfahrungen (Tätigkeitsarten, Beschäftigungsdauern, Vielseitigkeit, Anforderungsbezug)																			
Führungserfahrungen (Position im Unternehmen, Verantwortungsbereich, Mitarbeiterzahl)																			
Qualität d. Arbeitszeugnisse (Aussagekraft, Glaubwürdigkeit, Beurteilungsniveau)																			
Informationen Dritter (Auskünfte früherer Arbeitgeber/Kollegen, Auskunfteien, Detekteien)																			
Eindruck im Vorstellungsgespräch (äußere Erscheinung, Sprache, Selbstvertrauen)																			
Zusatzinformationen aus dem Gespräch (Informationsgewinn, Informationsqualität)																			
Ergebnisse von Praxisprüfungen (Arbeitsproben, Eignungstests, Assessment-Center)																			
Gesamt-Nutzwerte N																			

Durch unterschiedliche Gewichtungsfaktoren können die Auswahlkriterien hinsichtlich ihrer Bedeutung für das Auswahlergebnis differenziert werden. Die Gewichtungen sorgen dafür, dass die verschiedenen Kriterien gemäß den Bedingungen der Stellenausschreibung unterschiedlich stark in die Bewerberbeurteilungen einfließen.

Die Bewerberbewertungen Anhand der Informationen, die aus den Bewerbungsunterlagen, dem Vorstellungsgespräch oder sonstigen Ermittlungen gewonnen wurden, ist dann jeder Bewerber dahin gehend zu bewerten, inwieweit er die einzelnen Anforderungskriterien erfüllt. Multipliziert mit dem jeweiligen Gewichtungsfaktor errechnen sich Einzelnutzwerte, die summiert schließlich eine Bewerberrangfolge ergeben.

Ein Rest Subjektivität bleibt immer Auf diese Weise lassen sich ungewollte gefühlsgeprägte Bewertungseinflüsse weitgehend verhindern. Völlig auszuschließen sind sie jedoch nie, denn sowohl die Kriteriengewichtungen als auch einige der Kriterieneinzelbewertungen sind nicht objektiv messbar. In letzter Konsequenz bleibt eine Bewerberauswahl somit trotz systematischen Verfahrens stets eine subjektive Entscheidung, getroffen von Menschen mit Verstand, aber auch Gefühlen.

Gefühle sind manchmal wichtig Überhaupt stellt sich die Frage, ob denn Gefühle die Qualität von Auswahlentscheidungen generell negativ beeinflussen. Beispielsweise kann es durchaus im Unternehmensinteresse liegen, wenn der zuständige Vorgesetzte einen Bewerber entgegen allen Sachkriterien ablehnt, weil ihm dieser absolut unsympathisch ist oder wegen gegensätzlicher Mentalitäten keine reibungslose Zusammenarbeit erwarten lässt. Wichtig ist nur, dass auch gefühlsbesetzte Auswahlkriterien mit Bedacht und nachvollziehbar hinzugezogen werden – dass sie vom anzustrebenden Arbeitserfolg her begründet sind.

Eine optimale Auswahlentscheidung erfordert eine systematische und verantwortungsbewusste Vorgehensweise.

DIN-Norm 33430 für Eignungsprognosen

Die DIN-Normen entstanden ursprünglich, um industrielle Erzeugnisse zu vereinheitlichen und dadurch Kosten sparende Massenproduktionen zu ermöglichen, deren Produkte kompatibel zu machen und vergleichbare Qualitätsstandards zu schaffen. Fraglos trugen die Industrienormen entscheidend dazu bei, dass materielle Güter zunehmend für jedermann erschwinglich wurden, und halfen somit, den allgemeinen Lebensstandard zu steigern.

Ursprung von DIN-Normen

Fragwürdig ist jedoch der sich in den letzten Jahrzehnten abzeichnende Trend, möglichst alles zu normieren: EU-Vorschriften sollen selbst die einheitliche Kantenlänge von Karamellbonbons garantieren und mit der Qualitätsnorm DIN 9000 will man – mit bisher eher bescheidenen Erfolgen – auch Bildungsveranstaltungen, also menschliche Gruppenprozesse, qualitativ vergleichbar machen. Auf dieser Linie liegt auch die im Jahr 2000 veröffentlichte DIN 33430. Sie wurde auf Initiative von Psychologenverbänden geschaffen und soll durch Standardisierung den Personalauswahlprozess von Unzulänglichkeiten befreien. Die Norm formuliert dazu Regeln für folgende Problembereiche:

Trend zur totalen Normierung

- Instrumente und Methoden der Personalauswahl
- Durchführung des Auswahlprozesses
- Qualitätsanforderungen an die Auswahlverantwortlichen
- Prozesse und Vorgehensweisen
- Bewertung der Objektivität und Validität

Wenig Konkretes Doch bietet die Norm für Eignungsprognosen bei Stellen-besetzungen nicht allzu viel Konkretes. Empfehlungen wie: „Die eingesetzten Verfahren müssen eine der jeweiligen Art des Verfahrens und der angestrebten Aussage entsprechende hohe Zuverlässigkeit aufweisen", stellen Binsenweisheiten dar. Viele Formulierungen sind sehr allgemein gehalten und manche verwendeten Begriffe mehrdeutig. Konkrete Durch-führungshinweise dagegen werden nur vereinzelt gegeben oder sind unter Fachleuten umstritten.

Bedenken der Kritiker So mangelt es denn auch nicht an zum Teil massiver Kritik. Insbesondere der Verband Deutscher Arbeitgeber sieht in der neuen Norm nur eine weitere Regulierung des ohnehin überregulierten deutschen Arbeitsmarkts und warnt vor der Anwendung. Außerdem wird kritisiert, dass sich die Norm nicht, wie ursprünglich vorgesehen, auf psychometrische Testverfahren beschränkt, sondern für alle Verfahren der beruflichen Eignungsdiagnostik gelten soll. Auch aus der Psychologenschaft sind kritische Stimmen zu hören. Vor allem wird der hohe Regelungsbedarf bemängelt sowie das nach wie vor ungelöste Problem der Eignung der Eignungs-feststeller selbst.

Leider ist es nicht auszuschließen, dass die DIN 33430, eben-so wie so manche zunächst gut gemeinte Standardisierungs-bestrebungen auf anderen Gebieten, sich im Lauf der Zeit verselbstständigen wird und dass die Norm Verordnung-scharakter bekommt und aufwendige Zertifizierungsver-fahren nach sich zieht. Diese nützen, wie sich gezeigt hat, zum Beispiel in der beruflichen Weiterbildung, schließlich in erster Linie den Zertifizierern selbst, bringen kleineren Unternehmen, die sich den hohen Aufwand nicht leisten können, Wettbewerbsnachteile und verstellen der Kompli-ziertheit wegen den Blick auf die wirklich wesentlichen Er-folgsfaktoren.

Es stellt sich die Frage, ob die Beurteilung von Persönlichkeitseigenschaften und menschlichen Verhaltensweisen
sich ebenso normieren lässt wie Glühlampen und Rohrge-
winde.

Kritiker sind jedenfalls der Meinung, dass die Norm etwas **Das Für und Wider**
regeln will, was seinem Wesen nach nur ungefähr beschreib-
bar sein kann. Befürworter hingegen sehen für die Anwender
folgende Nutzeffekte: zum einen die Eingrenzung willkür-
licher Auswahlentscheidungen, zum anderen Maßstäbe für
die Beurteilung der Angebote externer Personalberater.

Es bleibt abzuwarten, inwieweit sich die DIN 33430 in der **Einsatz**
Praxis bewähren wird. Auf alle Fälle ist jedem interessierten **in der Praxis**
Unternehmen zu empfehlen, vor einer Umsetzung sich mit
den Inhalten der Norm intensiv zu befassen. Für mittlere
und kleine Unternehmen dürfte sich der Einführungsauf-
wand ohnehin kaum lohnen. Rechtsverbindlich ist die Norm
jedenfalls nicht, sondern – bisher – lediglich eine freiwillige
Richtlinie.

**Bei aller Skepsis kann die DIN 33430 als ein Versuch der
Optimierung der Bewerberauswahl gesehen werden.**

4. Beurteilen von Mitarbeitern

Ziele und Funktionen von Mitarbeiterbeurteilungen

Gebräuchliche Begriffsdefinition Unter „Mitarbeiterbeurteilung" versteht man in der Regel eine Leistungsbeurteilung oder eine Beurteilung, die zumindest einen starken Leistungsbezug aufweist. Dabei geht es nicht nur um das Arbeiten im engeren Sinn, sondern um das gesamte, die Arbeitsergebnisse beeinflussende Verhalten am Arbeitsplatz. Beispielsweise also auch um den allgemeinen Umgang der Mitarbeiter mit Kollegen, Vorgesetzten oder Kunden. Direkt oder indirekt wird meist mitbeurteilt, auf welche Weise eine Leistung zustande kam.

Ganzheitlicher Prozess Eine Mitarbeiterbeurteilung ist als ganzheitlicher Prozess zu verstehen, der drei Phasen durchläuft.

92

Innerhalb des gesamten Führungsprozesses funktioniert eine Mitarbeiterbeurteilung als Regelkreis: Das abschließende Beurteilungsgespräch gibt wiederum Impulse für Beobachtungen des künftigen Mitarbeiterverhaltens.

Beurteilungen früher und heute

In früheren Zeiten wurde in Organisationen fast ausschließlich autokratisch geführt, das heißt, die Vorgesetzten hatten das alleinige Sagen und die Untergebenen hatten widerspruchslos zu gehorchen. Bei dieser Art des Führens dienten Beurteilungen in erster Linie der Disziplinierung. Man wies die Beschäftigten nachdrücklich auf ihre Fehler und Verhaltensmängel hin und drohte ihnen für den Wiederholungsfall mit Konsequenzen. Gespräche waren in diesem Zusammenhang eher Monologe und hatten Befehlscharakter.

Autokratisches Führen

Heute wird überwiegend mit einem demokratischen Verständnis geführt. Hierbei haben Beurteilungen die Aufgabe, den Mitarbeitern Rückmeldungen zu geben, inwieweit sie die vereinbarten Arbeitsziele erreicht haben und wie ihr Arbeitsverhalten vom Vorgesetzten wahrgenommen wurde. Partnerschaftliche Beurteilungsgespräche sollen ihnen dabei Hilfestellungen bieten und sie zur Leistungssteigerung anspornen.

Demokratisches Führen

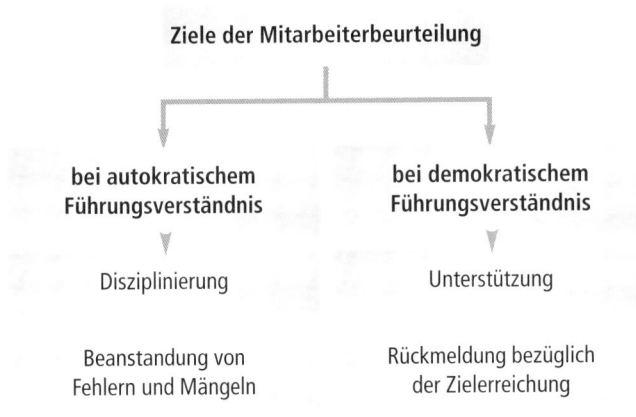

Ziele der Mitarbeiterbeurteilung

bei autokratischem Führungsverständnis — Disziplinierung — Beanstandung von Fehlern und Mängeln

bei demokratischem Führungsverständnis — Unterstützung — Rückmeldung bezüglich der Zielerreichung

Konsequenzen autokratischen Führens Das schließt nicht aus, dass es auch heute noch Unternehmen und einzelne Vorgesetzte gibt, die ein ausgesprochen autokratisches Führungsverständnis besitzen und Beurteilungen in diesem Sinn handhaben. Allerdings ist unter diesen Umständen bei den Mitarbeitern keine Akzeptanz für die Beurteilungen gegeben und sie bewirken demzufolge kein echtes Mitarbeiterengagement. Vielmehr werden Leistungsverbesserungen – wenn überhaupt – nur durch den ausgeübten Druck erzielt. Statt Primärmotivation (intrinsische) wird lediglich Sekundärmotivation (extrinsische) erzeugt, die naturgemäß von begrenzter Dauer ist. Sie hält nur so lange an, wie der Druck aufrechterhalten oder ständig wiederholt wird.

Die folgenden Ausführungen gehen von einem demokratischen Führungsansatz aus. Es geht um in partnerschaftlicher Weise durchgeführte Beurteilungen, die für beide Seiten nützlich sind – für das Unternehmen ebenso wie für die Mitarbeiter.

Beurteilungen als Instrumente der Qualitätssicherung

Mitarbeiterbeurteilungen sind wichtige Bestandteile des betrieblichen Qualitätsmanagements. Je nach Beurteilungsart sind sie unterschiedlichen Phasen des Qualitätssicherungsprozesses zuzurechnen:

- Qualitätsplanung: Persönlichkeits- und Potenzialbeurteilungen
- Qualitätskontrolle und -verbesserung: Leistungsbeurteilungen

Unterschiedliche Zielsetzungen Persönlichkeits- und Potenzialbeurteilungen sollen dazu beitragen, dass bei der Personalplanung die Personalposten mit Mitarbeitern besetzt werden, die die besten Voraussetzungen für eine optimale Aufgabenerfüllung mitbringen. Leistungsbeurteilungen hingegen sollen Rückmeldungen liefern, inwieweit die Qualitätsziele tatsächlich erreicht wurden und welche Optimierungsmöglichkeiten gegeben sind.

Mitarbeiterbeurteilungen müssen in letzter Konsequenz stets dem übergeordneten Ziel der Leistungsoptimierung dienen.

Beurteilungen als Führungsinstrumente

Führungskräfte haben die Aufgabe, ihren Mitarbeitern die Orientierung auf die Arbeitsziele zu geben sowie sie auf dem Weg dorthin zu ermutigen und zu unterstützen. Oder anders ausgedrückt: Sie sollen die Mitarbeiter zu einem am Unternehmensinteresse orientierten Verhalten am Arbeitsplatz befähigen und veranlassen.

Der Führungsauftrag

Um diesen Führungsauftrag erfüllen zu können, müssen Vorgesetzte ihre Mitarbeiter tagtäglich beurteilen. Bei jeder Arbeit, die sie ihnen übertragen wollen, müssen sie sich fragen:

Alltägliches Beurteilen erforderlich

- Welcher meiner Mitarbeiter käme für diesen Arbeitsauftrag in terminlicher, qualitativer und kostenmäßiger Hinsicht am ehesten infrage?
- Besitzt der dafür in die engere Wahl genommene Mitarbeiter die nötigen fachlichen Fähigkeiten?
- Hat er eine ähnliche Arbeit schon einmal verrichtet, hat er zweckdienliche Erfahrungen sammeln können?
- Ist er ausreichend belastbar?
- Kann von ihm die erforderliche Sorgfalt und Zuverlässigkeit erwartet werden?

Derartige spontan zu treffende Entscheidungen sind wegen ihrer Komplexität verständlicherweise häufig von momentanen Gefühlen und situativen Umfeldbedingungen geprägt. Man kann sich diese alltäglichen Ad-hoc-Entscheidungen jedoch erleichtern, indem man seine Mitarbeiter von Zeit zu Zeit aus gelassener Distanz heraus und nach systematischen Regeln vorsorglich beurteilt. Man schafft sich auf diese Weise

Schwierige Spontanentscheidungen

ein Eignungsraster seiner Mitarbeiter, auf das man in aktuellen Situationen zurückgreifen kann.

Nützliche Beurteilungseffekte

Beurteilungen unterstützen die Mitarbeiterführung in mehrfacher Hinsicht:

- Sie geben den Mitarbeitern Rückmeldung, dass sie vom Vorgesetzten wahrgenommen werden und in welcher Weise.
- Sie zeigen den Mitarbeitern auf, ob sie ihre Arbeitsziele erreicht haben.
- Mitarbeiterbeurteilungen bestätigen einwandfreie Mitarbeiterleistungen und würdigen besonders gute.
- Sie verschaffen den Mitarbeitern damit motivierende Erfolgserlebnisse.
- Sie weisen aber auch auf Leistungsmängel hin und verdeutlichen persönliche Steigerungsmöglichkeiten.
- Mitarbeiterbeurteilungen signalisieren dem Vorgesetzten, wenn Mitarbeiter überfordert sind und Hilfe benötigen.
- Sie machen eventuellen Qualifizierungsbedarf sichtbar.
- Sie schaffen die Grundlagen für einen leistungsgerechten Einsatz sowie eine gerechte Entlohnung.
- Beurteilungen geben Anregungen zu gezielter Mitarbeiterförderung.
- Sie bieten konkrete Anlässe für vertrauensbildende Mitarbeitergespräche.

> Erhalten Mitarbeiter nicht hin und wieder Rückmeldungen über ihre Leistungen und ihr Arbeitsverhalten, wirkt das auf Dauer demotivierend.

Personalwirtschaftliche Funktionen

Unterstützung der Personalabteilung

Mitarbeiterbeurteilungen dienen auch personalwirtschaftlichen Zwecken, indem sie Erkenntnisse liefern für folgende personelle Maßnahmen:

- Ermittlung des Personalbedarfs
- arbeitsplatzgerechte Personalbeschaffung
- leistungsgerechte Entlohnung
- realistische Personalkostenplanung
- eignungsgerechter Personaleinsatz
- anforderungsgerechte Personalentwicklung und -förderung
- notwendige Entlassungen beziehungsweise Umsetzungen

Voraussetzungen wirksamer Mitarbeiterbeurteilungen

Eine Grundvoraussetzung für wirksame Beurteilungen ist, dass sie von den Mitarbeitern akzeptiert werden und sie als nützlich und gerecht empfunden werden.

Die Beurteilten dürfen nicht den Eindruck gewinnen, man würde nur ihre Fehler oder schwachen Leistungen registrieren, sondern sie müssen merken, dass ebenso ihre Bemühungen um gute Arbeitsergebnisse berücksichtigt werden. Außerdem müssen sie erkennen können, dass im Bemühen um Gerechtigkeit aufgabenbezogene und einheitliche Beurteilungsmaßstäbe angelegt werden. Trotz einheitlichen Verfahrens dürfen Beurteilungen dennoch nicht als rein formale, bürokratische Akte wirken. Die Mitarbeiter müssen merken, dass sie nicht gleichgeschaltet werden sollen, sondern auch ihre persönlichen Eigenheiten zur Geltung kommen und man sie als individuelle Persönlichkeiten respektiert.

Akzeptanz fördernde Bedingungen

Bestehen Zweifel, ob die Mitarbeiter das bestehende Beurteilungsverfahren und seine Handhabung akzeptieren, empfiehlt es sich, dies durch eine Mitarbeiterbefragung zu erkunden. Werden Mängel beklagt, gilt es diese ernst zu nehmen, sich gegebenenfalls mit den Beurteilern ins Benehmen zu setzen und geeignete Korrekturen vorzunehmen.

Mitarbeitermeinungen erfragen

Wie bereits ausgeführt wurde, können in partnerschaftlicher Weise gehandhabte Mitarbeiterbeurteilungen für das Unternehmen eine Vielzahl von Nutzeffekten bewirken.

Die verschiedenen Beurteilungs- anlässe Je nach Beurteilungsziel stehen unterschiedliche Methoden zur Auswahl. Im Abschnitt „Arten und Verfahren von Beurteilungen" wurden bereits einige grundsätzliche Aussagen hierzu gemacht. Von ihrem Anlass her sind im Wesentlichen folgende Arten von Mitarbeiterbeurteilungen zu unterscheiden:

- ▦ schriftliche Regelbeurteilungen, die für jeden Mitarbeiter in regelmäßigen Intervallen zu erstellen sind
- ▦ fallweise schriftliche Beurteilungen, die aus bestimmten Anlässen notwendig werden

- mündliche Beurteilungen im Rahmen regelmäßig durchzuführender Zielvereinbarungsgespräche
- Potenzialbeurteilungen, die der Planung von Maßnahmen zur Personalentwicklung dienen sollen

> **Untersuchungen haben ergeben, dass Mitarbeiterbeurteilungen zu den am meisten die Leistung fördernden personalpsychologischen Maßnahmen zählen.**

Mitarbeiterleistungen messen und bewerten

Definition der Grundbegriffe

In der Praxis, aber auch in den verschiedenen Wissenschaftsbereichen, zum Beispiel den Arbeitswissenschaften, der Personalwirtschaft oder Führungslehre, werden im Zusammenhang mit Arbeitsleistungen zum Teil unterschiedliche Begriffe verwendet oder werden diese mit unterschiedlichen Definitionen gebraucht. Demzufolge sind die folgenden Begriffsbestimmungen nicht als allgemein verbindlich anzusehen.

Uneinheitliche Verwendung der Begriffe

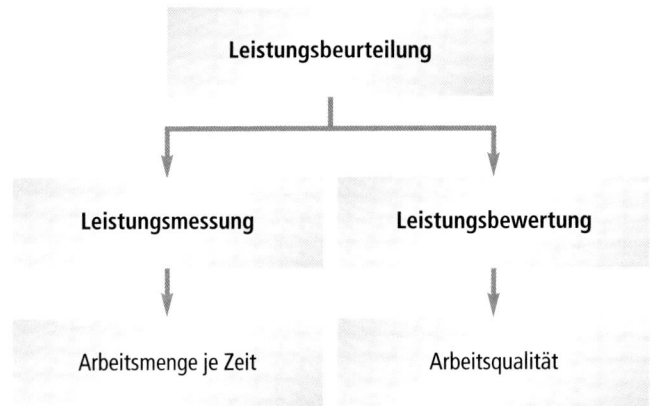

99

■ Leistungsbeurteilung: Beschreibung der Leistungsergebnisse einzelner Arbeitskräfte oder von Arbeitsgruppen anhand quantitativer und qualitativer Merkmale. In der Führungslehre bezeichnet der Begriff eine schriftliche Bewertung der Leistungsergebnisse eines Mitarbeiters.

■ Leistungsmessung: auch Leistungsfeststellung genannt, ist das Messen der in der Zeiteinheit geleisteten Arbeitsmengen. Das können Stückzahlen gefertigter Produkte, kann die Anzahl erledigter Vorgänge oder Telefonate, können Umsatzzahlen oder andere messbare Arbeitsergebnisse sein. Geht es um die Gewährung von Leistungszulagen oder Leistungsprämien, ist nicht die Gesamtleistung des betreffenden Mitarbeiters entscheidend, sondern nur die Erfüllung derjenigen Kriterien relevant, die speziell für diese Entlohnungsarten als Zielgrößen vorgegeben waren.

■ Leistungsbewertung: Bei der Leistungsbewertung werden die qualitativen Merkmale einer Leistung bewertet. Dazu können die Arbeitsgenauigkeit, Fehlerhäufigkeit, Kundenzufriedenheit, der Ressourceneinsatz und vieles mehr gehören.

Zielsystem des Unternehmens

Jede Leistungsbeurteilung muss sich auf bestimmte Leistungsziele (Soll-Vorgaben) beziehen.

Übergeordnete Unternehmensziele Erst durch das Vergleichen der tatsächlich erzielten Leistungsergebnisse mit den Zielvorgaben (Soll-Ist-Vergleich) ist eine fundierte Leistungsbeurteilung möglich. Jedes Unternehmen hat entsprechend seinem Unternehmenszweck seine eigenen Zielarten. Sie stehen zueinander in Beziehung und sind als ganzheitliches Zielsystem zu betrachten. Beispielsweise können folgende Zielarten gegeben sein:

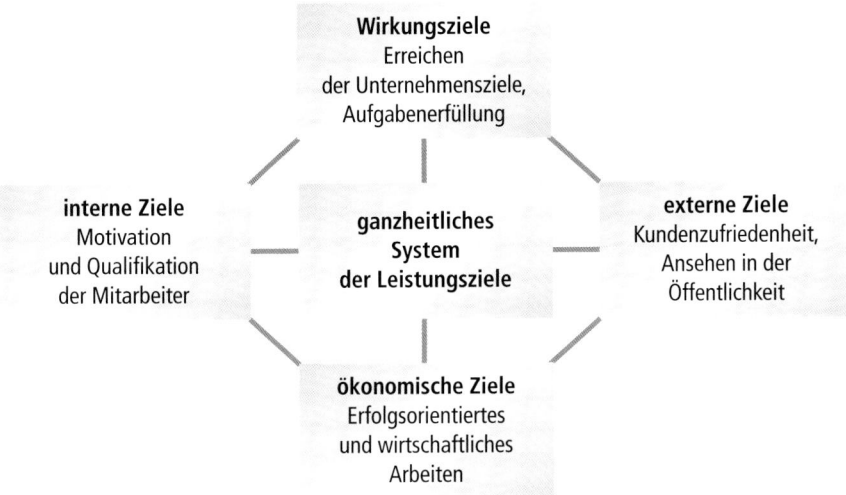

Im Interesse des Gesamterfolgs einer Organisation beziehungsweise eines Unternehmens sind bei der Bewertung erbrachter Leistungen deren Auswirkungen auf alle Komponenten des Zielsystems zu berücksichtigen und entsprechend zu gewichten. Beispielsweise kann eine hohe Produktionsleistung wegen extremen Energieverbrauchs und hoher Umweltbelastung im Widerspruch stehen zu den Zielen des wirtschaftlichen Arbeitens und des Ansehens in der Öffentlichkeit.

Ganzheitliche Auswirkungen beachten

Auswahl und Formulierung der Beurteilungskriterien

Um die Arbeitsleistungen weitestgehend objektiv und zweckbezogen messen und bewerten zu können, müssen zunächst die Kriterien (Anforderungsmerkmale) formuliert werden, die für den jeweiligen Beurteilungszweck relevant sind. Es muss geklärt werden, welche Arbeitsziele im Rahmen des zuvor beschriebenen Zielsystems zu erreichen sind und welche Anforderungen die Arbeitsaufgaben an die Mitarbeiter stellen. Dabei sind im Allgemeinen folgende Arten von Kriterien zu unterscheiden:

Arbeitsplatzanforderungen sind entscheidend

Welche dieser Kriterienarten anzuwenden sind und was unter den einzelnen Begriffen zu verstehen ist, muss in der Praxis auf die jeweilige Arbeitsplatzart bezogen näher definiert werden. Während in einem pharmazeutischen Betrieb beim Beurteilungskriterium „Leistungsgüte" beispielsweise das Merkmal „Reinheit" zu finden sein wird, spielt in einem Maschinenbaubetrieb unter anderem das Gütemerkmal „Maßhaltigkeit" eine wichtige Rolle.

Wichtig ist, dass in Leistungsbeurteilungen als Kriterien keine Persönlichkeitsmerkmale aufgeführt werden.

Es sind nicht die Mitarbeiter selbst zu bewerten, sondern ihre Handlungsergebnisse und Verhaltensäußerungen am Arbeitsplatz!

Was die Kriterienanzahl anbelangt, so lässt sich Folgendes sagen: Je mehr Beurteilungskriterien man vorgibt, desto eher kommt es zu Überschneidungen, die es dem Beurteiler erschweren, seine Beobachtungen eindeutig zuzuordnen und voneinander unbeeinflusst zu bewerten. Und umso mehr schwindet die Bedeutung des Einzelkriteriums und damit dessen motivierende Wirkung auf den Beurteilten.

Zu viele Kriterien sind nachteilig

Bei den Beurteilungsverfahren der Unternehmen schwanken die Zahlen zwischen etwa 4 und 25 Kriterien, es gibt jedoch auch einzelne Beurteilungssysteme mit einer weit darüber hinausgehenden Anzahl. Große Kriterienzahlen täuschen – bewusst oder unbewusst – einen hohen Grad an Genauigkeit und Objektivität vor, führen aber stattdessen zu unnötig hohem Bearbeitungsaufwand und lassen die Wirksamkeit sinken.

Tendenziell sollte man eher wenige, dafür aber besonders erfolgsrelevante Beurteilungskriterien einführen.

Aufstellen von Bewertungsmaßstäben

Hat man die Bewertungskriterien aufgestellt, gilt es geeignete Bewertungsmaßstäbe zu bilden, an denen die Beobachtungsergebnisse gemessen werden sollen.

Je weniger messbar die Arbeitsleistungen sind, desto weniger konkret lassen sich die Wertmaßstäbe definieren. Geht es um handwerkliche oder industrielle Produkte, ist das hinsichtlich der Leistungsergebnisse noch relativ einfach: Die Arbeitsmengen lassen sich hierbei in Stückzahlen, Gewichten oder Volumina präzise messen. Auch lässt sich deren Arbeitsgüte meistens zahlenmäßig ausdrücken, zum Beispiel über die Ausschussquote. Bei manchen Dienstleistungen gibt es ebenfalls leicht zu quantifizierende Leistungsarten. Das

Problem der Messbarkeit

gilt vor allem für in sich abgeschlossene, gleichartige und in Umsatz- oder Fallzahlen zu messende überschaubare Einzelvorgänge. Zum Beispiel lässt sich bei Vertretern die Leistungsmenge über die Höhe der Vertragssummen in Euro messen oder es lassen sich in einem Callcenter die getätigten Werbeanrufe zählen. Die Leistungsgüte lässt sich hier möglicherweise über die Zahl der Stornierungen oder Beschwerden messen.

Bei komplexen Leistungen wird es schwierig

Je weniger materiell oder umsatzorientiert die Arbeitsergebnisse sind und je komplexer sie werden, desto problematischer wird die Leistungsmessung und -bewertung. Beispielsweise ist es kaum möglich, die Ergebnisse umfangreicher Projekte eines Softwareentwicklers oder die Leistungen eines Werbetexters in Messwerten auszudrücken. Hier wird man sich auf Pauschalurteile beschränken müssen, die naturgemäß mehr subjektiv und wenig nachvollziehbar sind.

Noch problematischer sind Verhaltenskriterien

Besondere Schwierigkeiten bieten sich beim Bewerten des Leistungsverhaltens. Während Leistungsergebnisse noch relativ konkrete Beobachtungspunkte sind, betreffen Kriterien des Leistungsverhaltens stets komplexe und nur langfristig beurteilbare Erfolgsfaktoren. Das menschliche Verhalten unterliegt nun mal individuellen Gefühlsschwankungen und wird stark durch die sozialen Kontakte und sonstige Umfeldeinflüsse bestimmt.

Die Zielerreichungsskala

Dennoch gibt es eine Reihe von Techniken, auch nicht messbare Arbeitskomponenten in einer Bewertungsskala darzustellen. Eines der am häufigsten anzutreffenden Skalierungsverfahren ist, sogenannte Zielerreichungsgrade zu definieren. Hierbei wird an den Anforderungsmerkmalen orientiert verbal oder zahlenmäßig ausgedrückt, inwieweit das Kriterienziel durch die Leistungsergebnisse erreicht wurde.

Zielerreichungsgrad	verbal	nummerisch
Erfüllt die Anforderungen …	sehr gut	1
	gut	2
	durchschnittlich	3
	schlecht	4
	sehr schlecht	5

Selbstverständlich können die verbalen Zielerreichungsgrade auch anders formuliert werden, beispielsweise statt „gut" die Wortwahl „in hohem Maß" oder „häufig". In der Praxis sind die vielfältigsten Begriffe hierfür anzutreffen. Allerdings sollte man dabei nicht der Versuchung erliegen, sich durch schwammige Begriffe um klare Werturteile herumzudrücken.

Das Überführen beschreibender Worte in Zahlenwerte darf nicht zu dem Trugschluss verleiten, dass sich dadurch die Objektivität einer Beurteilung erhöht.

Entscheidend sind und bleiben die Relationen, das heißt an welchen Punkten der Bewertungsskala die Leistungen jeweils eingeordnet werden.

Zahlenwerte erleichtern es, eine Vielzahl von Beurteilungen in statistischem Sinn auszuwerten und aus ihnen arbeitsorganisatorische oder personelle Schlüsse zu ziehen. Sie ermöglichen es,

Vorzüge nummerischer Bewertungen

- die einzelnen Kriterienbewertungen zu einer Gesamtbeurteilungsnote zusammenzufassen,
- die persönliche Entwicklung eines Mitarbeiters durch Vergleiche mit früheren Beurteilungen zu begutachten,

- die Beurteilungen mehrerer Mitarbeiter miteinander zu vergleichen sowie
- den Durchschnitt aller Mitarbeiterbeurteilungen eines Organisationsbereichs oder des gesamten Unternehmens zu ermitteln.

> **Bei Vergleichen von Beurteilungen ist Vorsicht geboten, denn jede einzelne ist unter anderen situativen Bedingungen zustande gekommen.**

Spezifische Besonderheiten Auch innerhalb einer Fachabteilung gibt es in der Regel unterschiedlich geartete Arbeitsaufgaben und sind die Arbeitsbedingungen selten genau gleich. Selbst innerhalb derselben Arbeitsgruppe und desselben Arbeitsraums gibt es in der Regel unterschiedliche Voraussetzungen: unterschiedliche formelle oder informelle Position des Einzelnen in der Gruppe, helle Fensterplätze im Gegensatz zu Arbeitsplätzen im Kunstlichtbereich und vieles mehr. Sogar die Beurteilungen ein und desselben Mitarbeiters sind nur bedingt vergleichbar. Frühere Beurteilungen können von anderen Beurteilern stammen, können bei andersartigen Arbeitsinhalten oder unter anderen Belastungen zustande gekommen sein.

Spannweite der Bewertungsskalen Eine weitere Frage ist die Anzahl der Skalenstufen. Auch hier gibt es die unterschiedlichsten Varianten. Von einer 3-stufigen bis hin zur 20-stufigen sind alle möglichen Skalierungen üblich. Die oben dargestellte 5-stufige (auch „Schulnotenskala" genannt) ist die am häufigsten angewandte.

Scheingenauigkeit vielstufiger Skalierungen Sehr vielstufige Skalierungen werden meist mit dem Ziel vorgesehen, differenziertere Bewertungen zu ermöglichen. Doch lösen sie keineswegs das Grundproblem aller Personalbeurteilungen: dass nämlich die Beurteiler ihre subjektiven Eindrücke vom komplexen menschlichen Arbeitsverhalten ihrer

Mitarbeiter objektiv und kriteriengerecht einstufen sollen. Fällt es einem Beurteiler schon nicht leicht, ein Leistungsverhalten als „gut" oder eher „sehr gut" zu bewerten, wird ihm das nicht dadurch erleichtert, dass er sich beispielsweise in einer 20-stufigen Skala zwischen den Noten des Bereichs 13 bis 20 entscheiden kann.

Tendenziell gilt, dass mit zunehmender Zahl der Skalenstufen das Beurteilen umso problematischer wird, weil die Trennschärfe der Merkmalsausprägungen abnimmt.

Bilden von Gesamtbeurteilungswerten

Die Kriterien zuvor gewichten

Wie schon gesagt, bieten nummerische Beurteilungen unter anderem die Möglichkeit, die Kriterienbewertungen zu einem Gesamturteil zusammenzufassen. Jedoch ist es spätestens bei einer Zusammenfassung notwendig, sie zu gewichten, da die unterschiedlich gearteten Kriterien normalerweise nicht gleichermaßen bedeutsam für den Arbeitserfolg sind. Das wird dadurch gewährleistet, dass die einzelnen Kriterien entsprechend ihrer Bedeutung unterschiedlich stark in die Gesamtnote einfließen. Die gebräuchlichste Methode hierfür ist, Gewichtungsfaktoren von 0,1 bis 0,9 dergestalt auf die Kriterien zu verteilen, dass deren Summe 1,0 beträgt – vergleichbar mit einer prozentualen Abstufung.

Um zu einer Gesamtbewertung zu kommen, multipliziert man bei den einzelnen Kriterien deren Gewichtungsfaktoren mit den jeweiligen Bewertungen (Zielerreichungsgraden) und addiert anschließend die Einzelergebnisse zu einer Gesamtbeurteilungsnote.

Die Vor- und Nachteile

Gesamtnoten in Mitarbeiterbeurteilungen können unter anderem dazu beitragen, leistungsbezogene Entlohnungseinstufungen vorzunehmen oder eine realistische bereichsübergreifende Personalplanung zu betreiben. Ebenso erleichtern sie es dem Vorgesetzten, auch spontane Führungsentscheidungen differenziert zu treffen, zum Beispiel beim Übertragen besonderer Arbeiten oder zum Genehmigen persönlicher Gesuche (kurzzeitige Arbeitsbefreiung oder Ähnliches). Andererseits können Gesamtnoten zu pauschalierenden Mitarbeiterrangreihen führen und – ohne Ursprungsbezug und ohne Berücksichtigung individueller Stärken oder Schwächen – als Grundlage aller möglichen personellen Maßnahmen benutzt werden. Sind sie erst einmal in den Personalakten oder irgendwelchen anderen Aufstellungen verankert, drohen die Noten zu seelenlosen Kennziffernzu verkommen. Manchmal werden auf diese Weise einzelne Mitarbeiter mit einem unauslöschlichen positiven oder negativen Image abgestempelt.

> **Gesamtbeurteilungsnoten und daraus abgeleitete Rangreihen sollten hin und wieder durch neuerliche Beurteilungen infrage gestellt werden.**

Beurteilungsniveau des Unternehmens

Aus den ermittelten Gesamtnoten der Mitarbeiter werden in vielen Unternehmen Durchschnittswerte für einzelne Organisationsbereiche oder sogar für das gesamte Unternehmen errechnet. Auf diese Weise lässt sich das Gesamtniveau der Beurteilungen ermitteln. Dieser Durchschnittswert kann dazu dienen, allen Beurteilern eine Orientierungshilfe zu geben und allmählich ein einigermaßen einheitliches Wertgefühl entstehen zu lassen.

Einheitliche Niveauvorgabe

Mitunter schreiben Unternehmen ihren Beurteilern sogar vor, wo sich der Durchschnittswert einzupendeln hat – meist beim Mittelwert der Notenskala. Durch Vorgaben dieser Art soll der häufig zu beobachtenden Tendenz entgegengewirkt werden, dass der Notendurchschnitt im Lauf der Zeit immer besser wird. Manche Führungskräfte wollen sich auf diese Weise das Wohlwollen ihrer Mitarbeiter erkaufen oder unbequemem Wehklagen über vermeintlich zu schlechte Beurteilungen aus dem Wege gehen. Andere erhoffen sich von guten Noten einen Motivationsschub bei ihren Mitarbeitern. Wie auch immer, eine solche Noteninflation führt zu unrealistischen und nicht mehr vergleichbaren Aussagen. Außerdem bieten geschönte Beurteilungen kaum noch Leistungsanreize.

Wenngleich ein verbindlich vorgegebener Durchschnittswert eine Fehlentwicklung der Beurteilungsnoten verhindert, kann er in anderer Hinsicht zu Ungerechtigkeiten führen: Die sogenannte Normalverteilungskurve trifft insbesondere bei kleineren Mitarbeiterzahlen oftmals nicht zu. Es können dadurch besonders engagierte und leistungsfähige Mitarbeitergruppen unterwertig eingeordnet und demotiviert werden. Schon beim Bilden von Mitarbeitergruppen können höchst unterschiedliche Leistungsniveaus geschaffen worden sein. Und schließlich ist die Leistungsfähigkeit einer Mitarbeitergruppe auch ein Produkt der Führungsqualität. Durch Normalverteilungsvorgaben werden somit besonders fähige Führungskräfte bestraft und schwache in ihrem Verhalten bestärkt!

Gravierende Mängel verbindlicher Vorgaben

Ungeachtet aller Unzulänglichkeiten von Beurteilungen ist es im Hinblick auf die Leistungsoptimierung und Leistungsgerechtigkeit unverzichtbar, die Arbeitsergebnisse und das Arbeitsverhalten zu bewerten.

Verfahren zur Beurteilung von Mitarbeitern

Es gibt fundamental unterschiedliche Verfahrensarten, die sich je nach Einsatzbereich unterschiedlich gut eignen.

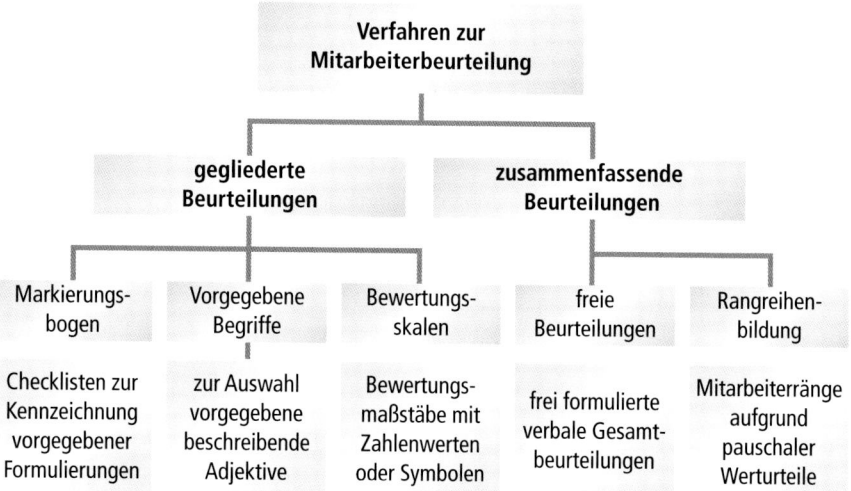

Auswahl des Verfahrens

Bei der Auswahl des geeignetsten Beurteilungsverfahrens sind folgende Auswahlkriterien zu berücksichtigen:

- Messbarkeit der Ziele: Je genauer sich die Leistungsziele und Leistungsergebnisse messen lassen, desto besser eignet sich ein gegliedertes nummerisches Beurteilungsverfahren.
- Aussagefähigkeit der Beurteilung: Eine Beurteilung ist nur so gut, wie sie zweckdienliche Aussagen liefert. Dabei spielen vor allem die Faktoren Wirklichkeitsnähe und Genauigkeit der Ergebnisdarstellung sowie Bezug zu den Leistungszielen und zum Beurteilungszweck eine Rolle.
- Bearbeitungsaufwand: Leistungsbeurteilungen dürfen nicht zum Selbstzweck werden. Der zu betreibende Aufwand muss in einem angemessenen Verhältnis zum erzielbaren Nutzen stehen.

■ Verfahrenstransparenz: Das gewählte Beurteilungsverfahren sollte sowohl für die beurteilenden Führungskräfte als auch für die zu beurteilenden Mitarbeiter ohne spezielles Fachwissen nachvollziehbar sein. Die Beurteilungen müssen so plausibel und verständlich sein, dass alle Beteiligten die richtigen Schlüsse daraus ziehen können.

■ Verfahrensakzeptanz: Beurteilungen finden nicht immer jedermanns Zustimmung. Das gilt sowohl für Mitarbeiter als auch für Vorgesetzte. Umso wichtiger ist es, dass durch eine schlüssige und transparente Methode sowie deren allgemeine Bekanntheit die erforderliche Akzeptanz hergestellt wird. Andernfalls werden die Beurteilungsmaßnahmen möglicherweise erschwert oder Ergebnisse verfälscht und es besteht keine Bereitschaft, aus den Ergebnissen die notwendigen Konsequenzen zu ziehen.

Standardisierte Beurteilungen

In größeren Unternehmen werden meist standardisierte Beurteilungsverfahren eingesetzt. Das bedeutet, dass zumindest für Mitarbeiter mit ähnlichen Arbeitsaufgaben einheitliche Beurteilungsformblätter verwendet werden. Nur dann sind statistische Auswertungen und Leistungsvergleiche mit dem Ziel der Leistungssteigerung sowie Beurteilungsgerechtigkeit möglich. Es handelt sich dabei überwiegend um gegliederte, nummerische Beurteilungen. Nachstehend ist das Muster eines derartigen Beurteilungsbogens abgebildet, der übersichtlich und dennoch hinlänglich detailliert ist. Für spezielle Anwendungsbereiche wäre er entsprechend zu modifizieren. Beispielsweise wären für Führungsaufgaben andersartige Kriterien vorzusehen.

Überwiegend standardisierte Verfahren üblich

Größere Unternehmen kommen ohne ein Mindestmaß an Systematisierung und Standardisierung ihrer Mitarbeiterbeurteilungen kaum aus.

4. Beurteilen von Mitarbeitern

Beurteilungsbogen

Nachname Mitarbeiter(in):	Vorname:	Geburtsdatum:
Stellenbezeichnung:	Aufgabengruppe:	Beschäftigungsdauer im Bereich:
Nachname Beurteiler(in):	Vorname:	Zuständig für Beurteilte(n) seit:

Bearbeitungshinweise

Beurteilungskriterien:	Kriteriengewichtung:	Kriterienbewertung:	Notenbildung:
das zur Bewertung des Kriteriums in erster Linie herangezogene Anforderungsmerkmal ankreuzen (Erforderlichenfalls weiteres Merkmal eintragen)	Gewichtungsfaktoren 0,1 ... 0,9 entsprechend der Kriterienbedeutung für den Arbeitserfolg eintragen. Summe aller Faktoren = 1,0.	an den Arbeitsplatzanforderungen orientiert ankreuzen, inwieweit das jeweilige Kriterienziel erreicht wurde	die Gewichtungs- und Bewertungsfaktoren multiplizieren

Beurteilungskriterien mit Nennung des vorrangigen Anforderungsmerkmals	Kriterien-gewich-tung (G)	Kriterienbewertung (B) Zielerreichungsgrade					Noten-bildung
	Gewich-tungs-faktoren	sehr gut	gut	durch-schitt-lich	schlecht	sehr schlecht	
	0,1 ... 0,9	1	2	3	4	5	G x B
Leistungsmenge ☐ Fertigungsmenge ☐ Auftrags-/Vertragssumme ☐ Zahl erledigter Vorgänge ☐							
Leistungsgüte ☐ Fehlerfreiheit ☐ Ressourcenverwendung ☐ Genauigkeit ☐							
Termintreue ☐ Termineinhaltung ☐ Engpassbewältigung ☐ Arbeitszeitbedarf ☐							
Vorschriftsmäßigkeit ☐ gesetzliche Regelungen ☐ Arbeitsanweisungen ☐ Arbeitsrichtlinien ☐							
I. Gesamtnote für die Leistungsergebnisse	Summe 1,0	Summe der Einzelnoten					
Leistungsbereitschaft ☐ Leistungswille ☐ Zuverlässigkeit ☐ Verantwortungsbereitschaft ☐							
Selbstständigkeit ☐ Eigeninitiative Entscheidungsverhalten ☐ Problembewältigung ☐							
Flexibilität ☐ Anpassungsfähigkeit ☐ Mobilität ☐ Lernbereitschaft ☐							
Belastbarkeit ☐ Anstrengungsbereitschaft ☐ Konzentration ☐ Ausdauer ☐							
Sozialverhalten ☐ Teamorientierung ☐ Konfliktverhalten ☐ Kundenfreundlichkeit ☐							
II. Gesamtnote für das Leistungsverhalten	Summe 1,0	Summe der Einzelnoten					
III. Gesamtbeurteilungsnote (Mittelwert aus I. und II.)							

Freie Beurteilungen

Kritiker standardisierter Beurteilungsverfahren machen zu Recht geltend, dass Menschen nicht standardisierbar sind und demzufolge auch ein vereinheitlichtes, systematisiertes Beurteilungsverfahren zu Ungerechtigkeiten und falschen Schlüssen führen kann. Manche plädieren daher dafür, es den Beurteilern mehr oder minder freizustellen, auf eigene Art und Weise ihre Beurteilungsergebnisse verbal zu beschreiben. Beurteilungen dieser Art haben dann eher den Charakter von Gutachten.

Standardisierung hat auch Schwachpunkte

Man muss sich darüber im Klaren sein, dass rein verbale Beurteilungen stets zu unterschiedlichen Interpretationen führen können.

Aufgrund unseres individuellen Sprachempfindens ist Sprache immer mehrdeutig und kann somit zu gravierenden Missverständnissen führen! Ein und dasselbe Wort kann für verschiedene Leser unterschiedliche Bedeutungen haben. Schon alleine durch eine andere Wortstellung oder Zeichensetzung können Texte trotz gleicher Wortwahl völlig unterschiedlich verstanden werden. Demzufolge können auch frei formulierte Beurteilungen keine Gerechtigkeit garantieren. In bestimmten Fällen haben sie aber zweifellos ihre Berechtigung:

Freie Formulierungen sind oft mehrdeutig

Eine frei formulierte verbale Beurteilung bietet sich beispielsweise an, wenn die Qualifikation und das Arbeitsverhalten eines einzelnen Mitarbeiters für einen bestimmten Zweck ausführlich zu beschreiben sind.

Mindestmaß an Einheitlichkeit anstreben Damit freie Mitarbeiterbeurteilungen auch bereichsübergreifend halbwegs vergleichbar sind, sollten sie zumindest eine einheitliche logische und zweckbezogene Gliederung besitzen. Diese könnte beispielsweise so aussehen:

- allgemeines Leistungsbild
- Leistungsstärken und -schwächen
- Leistungsentwicklung
- Zusammenarbeit

Darüber hinaus ist es im Interesse der Eindeutigkeit sinnvoll, für die Beurteilungstexte unternehmensweit einen Katalog der zu verwendenden grundlegenden Begriffe und Formulierungen zu vereinbaren und dafür verbindliche Definitionen festzulegen.

Das Patentrezept fehlt noch Trotz allen Bemühens von Wissenschaftlern und Personalfachleuten wurde das ideale Beurteilungsverfahren immer noch nicht gefunden – und wird wohl auch ein unerreichbares Ziel bleiben.

> **Jedes Bewertungsverfahren hat seine Stärken und Schwächen – es kommt letztlich immer darauf an, wozu man es einsetzt und wie man damit umgeht.**

Anlässe und Zeitpunkt schriftlicher Leistungsbeurteilungen

Definition **Regelbeurteilungen**
Unter Regelbeurteilungen – auch periodische genannt – sind Beurteilungen zu verstehen, die nach vom Unternehmen festgelegten zeitlichen Intervallen vorgenommen werden, unabhängig von aktuellen Anlässen.

Folgende Gründe sprechen für das regelmäßige Beurteilen von Mitarbeitern:

Vorzüge der Regelmäßigkeit

- Regelmäßige Beurteilungen vermitteln das Gefühl der Normalität und lassen weniger Befürchtungen aufkommen.
- Gleichförmige Beurteilungsperioden machen die kontinuierliche Leistungsentwicklung sichtbar.
- Einheitliche Beurteilungstermine ermöglichen eine zeitgleiche Zusammenfassung und Auswertung der Beurteilungsergebnisse verschiedener Führungsbereiche.
- Durch vorhersehbare Termine können sich die Mitarbeiter auf die zu erwartenden Beurteilungsgespräche einstellen.
- Verbindliche Beurteilungstermine wirken Tendenzen entgegen, die lästige Beurteilungsarbeit unvertretbar lange vor sich herzuschieben.

Regelbeurteilungen beugen negativen Mitarbeitergefühlen vor und rationalisieren die Leistungskontrolle.

Welche Beurteilungsintervalle festgelegt werden sollten, lässt sich nicht allgemeingültig sagen. Sehr kurze Intervalle erfordern einen entsprechend hohen Arbeitsaufwand und können dazu führen, dass Beurteilungen mit der Zeit als reine Routinevorgänge angesehen werden. Das kann zu einer nachlässigen Handhabung durch die Beurteiler führen und die Akzeptanz sowie Wirksamkeit seitens der beurteilten Mitarbeiter schwinden lassen. Werden die Intervalle sehr lang gewählt, geht der Bezug zur letzten Beurteilung und den dabei gefassten Vorsätzen und getroffenen Vereinbarungen verloren. Außerdem können lange Zeiträume die Vorgesetzten insofern überfordern, als sie sich länger zurückliegender Beobachtungen nur noch vereinzelt erinnern können. Dadurch kann es leicht zu verfälschenden Überbewertungen aktuellerer Geschehnisse kommen.

Länge der Beurteilungsintervalle

> Die Intervalle von Regelbeurteilungen sollen nicht kürzer
> als ein Jahr und nicht länger als vier Jahre sein.

Fallweise schriftliche Beurteilungen

Verschiedenartige Anlässe Fallweise schriftliche Beurteilungen werden aus besonderen Anlässen erforderlich und sind – unabhängig von den Regelbeurteilungen – zusätzlich vorzunehmen. Anlässe hierfür können sein:

- Ablauf der Probezeit
- Versetzung
- zu erwartender Wechsel des Vorgesetzten
- Beförderung
- Höhergruppierung
- außerplanmäßige Entlohnungsanpassung
- Zulagen-/Prämiengewährung
- besonderer Mitarbeiterwunsch

Hinsichtlich der inhaltlichen und formalen Grundsätze schriftlicher Mitarbeiterbeurteilungen gelten die im vorigen Kapitel zur Leistungsbewertung gemachten Ausführungen.

Im Interesse der Qualitätssicherung sollten Unternehmen den Aufwand nicht scheuen, regelmäßig Mitarbeiterbeurteilungen vornehmen zu lassen.

Mündliche Beurteilungen im Jahresgespräch

Im Lauf der letzten Jahre ist es in den Unternehmen zunehmend üblich geworden, in regelmäßigen Abständen mit allen Mitarbeitern formelle Zielvereinbarungsgespräche zu führen. Vom Grundgedanken her haben sie den Zweck, mit den Mitarbeitern verbindliche Vereinbarungen für die in der kommenden Arbeitsperiode zu erfüllenden Aufgaben zu treffen.

Vielerorts sind Zielvereinbarungsgespräche üblich

Eine Variante dieser Gesprächsart ist, dass zunächst über die zurückliegende Arbeitsperiode gesprochen und eine Leistungsbilanz gezogen wird. Es soll damit den Mitarbeitern ein Feedback gegeben werden, inwieweit sie die letzmalig vereinbarten Ziele erreicht und die Erwartungen des Vorgesetzten erfüllt haben. Somit erhält das Gespräch auch den Charakter einer mündlichen Mitarbeiterbeurteilung. Derart aufgebaute Gespräche werden als „Jahresgespräch" oder einfach „Mitarbeitergespräch" bezeichnet.

Beurteilungsaspekt des Jahresgesprächs

Damit der Beurteilungsteil des Gesprächs realitätsbezogen abläuft, muss sich die Führungskraft im Grunde dieselben Gedanken zu den Mitarbeiterleistungen machen wie bei einer schriftlichen Regelbeurteilung. Somit kann es nützlich sein, als Gesprächsgrundlage zunächst eine inoffizielle schriftliche Beurteilung der üblichen Form zu entwerfen.

Voraussetzungen für die Gesprächseffizienz

Zielvereinbarungsgespräche haben auch einen wertvollen Nebeneffekt: Sie legen die Anforderungsmerkmale für die nächste schriftliche Leistungsbeurteilung fest.

> **Mündliche Mitarbeiterbeurteilungen sind ebenso sorgfältig vorzubereiten wie schriftliche.**

Potenzialbeurteilungen für die Personalentwicklung

Definition Während Leistungsbeurteilungen das Arbeitsverhalten der zurückliegenden Zeit betreffen, also vergangenheitsorientiert sind, sollen Potenzialbeurteilungen Prognosen ermöglichen, inwiefern Mitarbeiter bestimmten künftigen Anforderungen genügen können oder dafür qualifizierbar sind.

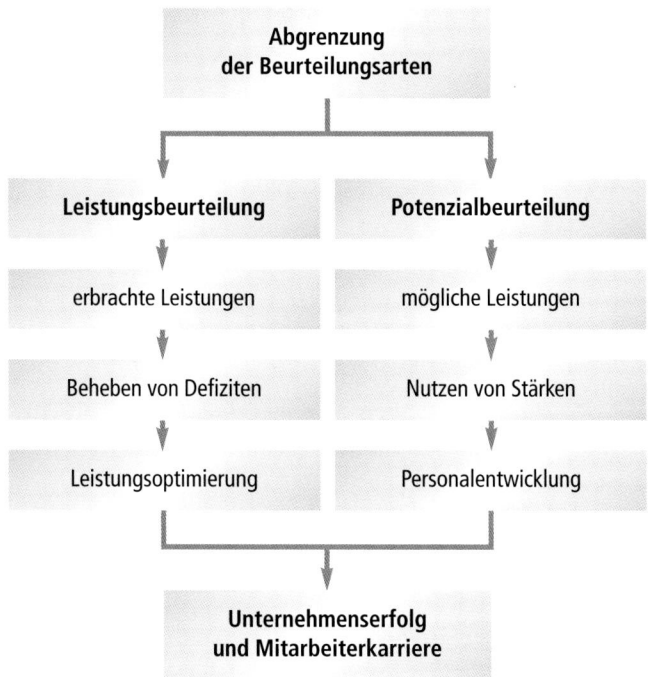

Verschiedenartige Anlässe Potenzialbeurteilungen können aus unterschiedlichen Gründen erforderlich werden:

■ Für neuartige Arbeitsaufgaben oder anstehende Stellenneubesetzungen soll die Eignung der zur Auswahl stehenden Kandidaten eingeschätzt werden.

- Wegen eventuell entstehenden Personalbedarfs sollen die Mitarbeiterpotenziale vorsorglich bewertet werden.
- Zur Planung von Förder- oder Weiterbildungsmaßnahmen sollen die Entwicklungspotenziale der Mitarbeiter erkannt werden.

Ebenso wie für Leistungsbeurteilungen sind für zielgerichtete Potenzialbeurteilungen zunächst Anforderungsprofile zu erstellen. Jedoch geht es hierbei weniger um die bei bestimmten Aufgaben zu erbringenden speziellen Leistungen, sondern um grundlegende Wesenszüge und Fähigkeiten. Ein solches Anforderungsprofil kann folgende Merkmale umfassen:

Anforderungsprofile aufstellen

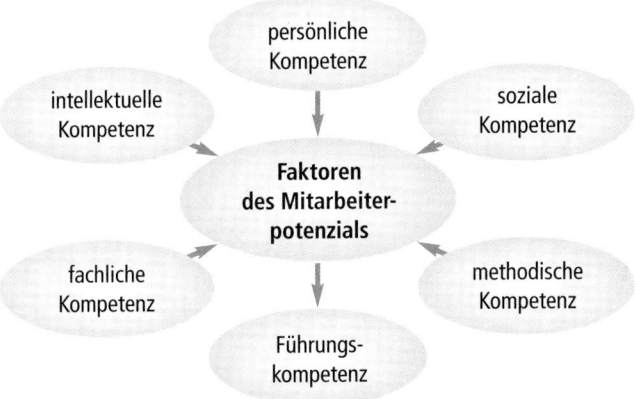

Unter den in der Abbildung aufgeführten Begriffen ist Folgendes zu verstehen:

Definition der Merkmale

- persönliche Kompetenz: charakteristische, weitestgehend situationsunabhängige Persönlichkeitsmerkmale, zum Beispiel Selbstbewusstsein, Ausdrucksfähigkeit oder Weltanschauung
- intellektuelle Kompetenz: allgemeines Denkvermögen und Wissenspotenzial, zum Beispiel Auffassungsgabe, Sprachverständnis oder Allgemeinbildung

- soziale Kompetenz: Verhaltensweisen beim Umgang mit anderen Menschen, zum Beispiel Sprachverhalten, Hilfsbereitschaft oder Konfliktverhalten
- fachliche Kompetenz: auf einem bestimmten Gebiet erworbene Kenntnisse und Fertigkeiten, zum Beispiel Fachwissen, handwerkliches Geschick oder Branchenkenntnisse
- methodische Kompetenz: Fähigkeit, sich und seine Arbeit rational und effektiv zu organisieren, zum Beispiel Zielstrebigkeit, Zeitplanung oder Improvisationsgeschick
- Führungskompetenz: Fähigkeiten, andere Menschen zu einem bestimmten Handeln zu veranlassen, zum Beispiel Führungswille, Entscheidungsfähigkeit oder Motivierungsfähigkeit

Beobachtungsvielfalt anstreben

Die Persönlichkeitseigenschaften eines Menschen wirken sich in unterschiedlichen Situationen unterschiedlich stark aus. Erkenntnisse über die Mitarbeiterpotenziale sind daher am ehesten zu gewinnen, wenn man sie in unterschiedlichen Arbeitssituationen beobachtet. Dazu können folgende Maßnahmen beitragen:
- Tätigkeitsanreicherung
- Sonderaufträge
- Arbeitsplatzrotation
- probeweise anderweitige Beschäftigung
- Delegation in Sondergremien
- Assessment-Center

Mitarbeiter miteinander vergleichen

Für das Unternehmen ist nicht nur die auf den einzelnen Mitarbeiter bezogene absolute Einschätzung interessant, sondern auch der Vergleich zu den anderen. Nur so kann erkannt werden, für welche Mitarbeiter die begrenzt verfügbaren Förderungsmittel in erster Linie Erfolg versprechend eingesetzt werden können und nur so sind optimale Personalauswahlen möglich. Aber auch für die Mitarbeiter selbst ist die Kenntnis ihrer Position in der allgemeinen Rangordnung interessant, um zu wissen, inwieweit sie mit der Förderung durch den Arbeitgeber rechnen können oder was sie eigeninitiativ für ihre Weiterentwicklung tun sollten.

Überschneidungen der Beurteilungsarten

Eine klare Abgrenzung zwischen Leistungs- und Potenzialbeurteilung ist schwierig. Schon in begrifflicher Hinsicht gibt es Überschneidungen: Leistungsbeurteilungen beziehen sich nicht nur auf die einzelnen Arbeitsergebnisse, sondern ebenso auf die allgemeine Leistungsfähigkeit und das Leistungsverhalten. Beides zählt aber gleichzeitig auch zu den Leistungspotenzialen eines Mitarbeiters.

Sprachliche Überschneidungen

Ebenso gibt es Überschneidungen hinsichtlich der Verfahren beider Beurteilungsarten: Auch Persönlichkeitseigenschaften werden erst durch Verhaltensäußerungen und Handlungsergebnisse sichtbar und erfordern demzufolge Beobachtungen. Dazu gehört selbstverständlich auch das Wahrnehmen von Arbeitsweisen und Arbeitsergebnissen.

Verfahrens-ähnlichkeiten

Insofern gibt es in der Praxis oft Mischformen beider Beurteilungsarten. Für Potenzialbeurteilungen wird vielfach auch auf die Ergebnisse früherer Regelbeurteilungen zurückgegriffen. Andererseits werden in Leistungsbeurteilungen oft auch Aussagen zu Persönlichkeitseigenschaften getroffen und daraus Eignungsprognosen abgeleitet. Hauptsächliches Unterscheidungsmerkmal ist der vorrangige Zweck einer Beurteilung.

Häufig Mischformen

Aufgrund von Potenzialbeurteilungen getroffene Personalentscheidungen sollten wegen der begrenzten Prognosesicherheit so bald wie möglich überprüft werden.

Leistungswirksame Beurteilungsgespräche

Gespräche sollten selbstverständlich sein

Wenn die Leistungen und das Verhalten eines Mitarbeiters schriftlich beurteilt wurden, sollte es eine Selbstverständlichkeit sein, die Beurteilung dem Betreffenden nicht nur bekannt zu geben, sondern deren Inhalte auch mit ihm in einem sogenannten Beurteilungsgespräch ausführlich zu erörtern. Es ist die abschließende und zugleich wichtigste Phase des Beurteilungsprozesses, da sie die gewünschten Mitarbeiterreaktionen initiieren soll.

> **Eine schriftliche Beurteilung bietet dem Vorgesetzten einen natürlichen Anlass, dem Mitarbeiter konkrete Rückmeldungen zu seinem Arbeitsverhalten zu geben, ohne disziplinierend zu wirken.**

Chancen für die Führungskraft

Das Beurteilungsgespräch gibt Gelegenheit, gute Leistungsergebnisse zu loben, aber auch auf mangelhafte einzugehen, deren Gründe zu erfahren und sich über Wege zur Leistungssteigerung und Verhaltensoptimierung auszutauschen. Wird es freimütig und verständnisvoll geführt, kann es wie kaum eine andere Gesprächsart das Vertrauensverhältnis zum Mitarbeiter vertiefen. Beurteilungsgespräche gehören somit zu den wirkungsvollsten Führungsinstrumenten.

> **Wird eine Mitarbeiterbeurteilung nicht besprochen, kann sie nicht die optimale Wirkung erzielen.**

Chancen für den Mitarbeiter

Dem Mitarbeiter wiederum bietet ein Beurteilungsgespräch die Chance, sein Arbeitsverhalten zu begründen sowie auf eventuelle Missverständnisse oder Fehleinschätzungen hinzuweisen. Er hat die Möglichkeit, Wünsche zu äußern oder

Kritik anzubringen. Im Übrigen kann der Mitarbeiter verlangen, dass ein Mitglied des Betriebsrats hinzugezogen wird. Das Betriebsratsmitglied hat dabei aber nur die Funktion eines Beraters und Fürsprechers und ist verpflichtet, über den Inhalt des Gesprächs Stillschweigen zu bewahren.

Vor dem Gespräch hat man als Vorgesetzter in aller Regel noch die nötige Muße und emotionale Distanz, um sich die wichtigsten Punkte und einen optimalen Gesprächsablauf zu überlegen. Daher sollte man die Zeit für eine sorgfältige Gesprächsvorbereitung unbedingt nutzen. Schließlich wird sich eine neuerliche Gelegenheit für ein so chancenreiches Mitarbeitergespräch so bald nicht wieder bieten!

Zeit für die Vorbereitung nehmen

Im Interesse des Gesprächserfolgs sollte ein Beurteilungsgespräch sorgfältig vorbereitet werden.

Die folgende Checkliste kann helfen, bei der Gesprächsvorbereitung nichts Wesentliches zu übersehen und sich wichtige Gesprächspunkte oder Daten vorzumerken. Darüber hinaus kann sie dazu dienen, während des Gesprächs wichtige Ergebnisse festzuhalten. Die Notizen können als Grundlagen für künftige Mitarbeitergespräche oder weitere Beurteilungen aufbewahrt werden. Sie helfen sicherzustellen, dass keine getroffenen Vereinbarungen oder gegebenen Zusagen später aus den Augen verloren werden. Die Checkliste kann gleichermaßen für sogenannte Fördergespräche benutzt werden, da diese mit Beurteilungsgesprächen inhaltlich sehr ähnlich sind. Oft handelt es sich ohnehin um Mischformen beider Arten.

Hilfreiche Checkliste

Checkliste für Beurteilungs-/Fördergespräche

Name des Mitarbeiters: Gesprächstermin: Ort:

Phase	Gesprächsaspekte	Vorbereitungsnotitzen (Merkpunkte, Argumente, Fragen)	Gesprächs- ergebnisse
Eröffnung	▓ Beurteilungs-/Gesprächsanlass ▓ Beurteilungsverfahren ▓ Bewertungskriterien/-maßstäbe ▓ Beurteilungszeitraum ▓ Namen der Mitbeurteiler		
Bekanntgabe	▓ Aushändigung der Beurteilung, sofern noch nicht geschehen ▓ besonders positive Ergebnisse ▓ besonders kritische Punkte ▓ typische Leistungs-/Verhaltens-beispiele ▓ Leistungsentwicklung seit der letzten Beurteilung		
Stellungnahme	▓ Selbsteinschätzung des Mitarbeiters ▓ Mitarbeiterfragen ▓ Unklarheiten ▓ Missverständnisse		
Perspektive	▓ Mitarbeitererwartungen ▓ künftige Arbeitsanforderungen ▓ besondere Stärken/Neigungen ▓ Kenntnis-/Leistungsdefizite ▓ Entwicklungspotenzial ▓ Qualifizierungsmöglichkeiten ▓ evtl. geplanter Einsatzwechsel ▓ Aufstiegsmöglichkeiten im Arbeitsbereich/Unternehmen		
Vereinbarung	▓ Entwicklungs- bzw. Qualifizierungsziele ▓ Qualifizierungsmaßnahmen des Arbeitgebers		

	▓ Qualifizierungsinitiativen des Mitarbeiters ▓ Tätigkeits-/Arbeitsplatzwechsel ▓ Unterstützungsmaßnahmen ▓ Erfolgskontrolle		
Abschluss	▓ Gesprächsnutzen/-verlauf ▓ schriftliche Bestätigung der Beurteilungsbekanntgabe ▓ Aushändigung einer Kopie ▓ grundsätzliche Wertschätzung ▓ positive Erwartungen		

Dem beurteilten Mitarbeiter ist ebenfalls ausreichend Gelegenheit zu gegeben, sich auf das Gespräch vorzubereiten. Er darf sich nicht überrumpelt fühlen und muss sich seine Stellungnahme reiflich überlegen können. Andernfalls droht das Gespräch ein fruchtloser Monolog statt eines offenen Meinungsaustauschs zu werden oder wird unnötigerweise eine ablehnende oder sogar aggressive Mitarbeiterhaltung auslösen. Zweckmäßigerweise sollte dem Beurteilten dazu der Beurteilungsbogen schon vorher ausgehändigt werden.

Auch der Mitarbeiter muss sich vorbereiten können

Es wäre geradezu fahrlässig, sich die Chance einer sorgfältigen Gesprächsvorbereitung entgehen zu lassen.

Zielbewusste und partnerschaftliche Gesprächsführung

> Eine schriftliche Beurteilung kann den unmittelbaren mündlichen Gedankenaustausch zwischen Führungskraft und Mitarbeiter nicht ersetzen.

Natürliche Anfangsanspannung Als Führungskraft sollte man sich dessen bewusst sein, dass ein angekündigtes Beurteilungsgespräch beim betreffenden Mitarbeiter stets eine gewisse Beklemmung auslöst. Das kann dazu führen, dass er sich nicht traut, seine ehrliche Meinung zu äußern, oder aber bereits angriffsbereit in das Gespräch geht. Beide Gefühlslagen sind nicht geeignet, zu einem für beide Seiten nützlichen Gedankenaustausch zu kommen. Es wird dann schwierig sein, bei kritischen Inhalten ein Einsehen des Mitarbeiters zu erwirken. Um diese Anspannung zu mildern, sollte man als Führungskraft den eigentlichen Beurteilungsinhalten etwas ehrlich gemeint Positives voranstellen.

Gradlinigkeit und Unbefangenheit Dann aber sollte man ohne Umschweife in der Reihenfolge des Beurteilungsbogens vorgehen. Ob es dabei ratsamer ist, zuerst den Mitarbeiter sich zum jeweiligen Beurteilungskriterium äußern zu lassen und dann selbst dazu Stellung zu nehmen oder umgekehrt, ist umstritten. Beide Vorgehensweisen haben keine nennenswerten Vor- oder Nachteile. Dem Mitarbeiter den Vortritt zu lassen kann allerdings dazu beitragen, dass er sich nicht dominiert fühlt.

> Inhaltlich sollte sich das Beurteilungsgespräch auf die beurteilungsrelevanten Wahrnehmungen konzentrieren und auf die Beurteilungsperiode beschränkt bleiben.

Je gradliniger die Führungskraft vorgeht, je unbefangener sie auch kritische Punkte anspricht und dabei unnötige abwertende Formulierungen vermeidet, desto weniger wird das Gespräch durch verletzte Gefühlen belastet und desto konstruktiver wird es ablaufen. Der Mitarbeiter wird die Beurteilungsaussagen umso bereitwilliger akzeptieren.

Es geht im Gespräch mit dem Mitarbeiter nicht um die Formulierung der Beurteilung, sondern lediglich um deren Bekanntgabe und Erläuterung. Demzufolge sollte man als Vorgesetzter nicht „mit sich handeln" lassen. Eine Mitarbeiterbeurteilung ist nur dann zu ändern, wenn sich im Gespräch eine eindeutig falsche Faktengrundlage oder eine ausgesprochen missverständliche Wortwahl herausstellen sollten.

Ein Beurteilungsgespräch ist keine Verhandlung

> **Der Vorwurf mangelnder Objektivität alleine darf kein Anlass für eine Beurteilungsänderung sein – eine Beurteilung kann immer nur ein subjektives Werturteil aufgrund begrenzter Beobachtungsmöglichkeiten sein.**

Ebenso wie der Beginn sollte der Abschluss des Gesprächs eine positive Note haben. Vorausgesetzt ihm liegt an einer weiteren Zusammenarbeit, sollte der Vorgesetzte dem Mitarbeiter die grundsätzliche Wertschätzung ausdrücken und abschließend eine optimistische Erwartung an die Zukunft äußern – auch wenn die Beurteilungsinhalte insgesamt eher negativ waren. Der letzte Gesprächseindruck bleibt!

Auch den Abschluss positiv gestalten

> **Verständnisvoll geführte Beurteilungsgespräche werden die Mitarbeiter stets als unterstützend und nicht als demotivierend empfinden.**

Zielorientierender Gesprächsleitfaden

Ergänzend zur Checkliste hilft der folgende Gesprächsleitfaden, sich auf das Gespräch optimal einzustimmen und es folgerichtig ablaufen zu lassen.

Es geht darum, die Mitarbeiter zu beurteilen und nicht, sie zu verurteilen.

Leitfaden für Beurteilungs- und Fördergespräche

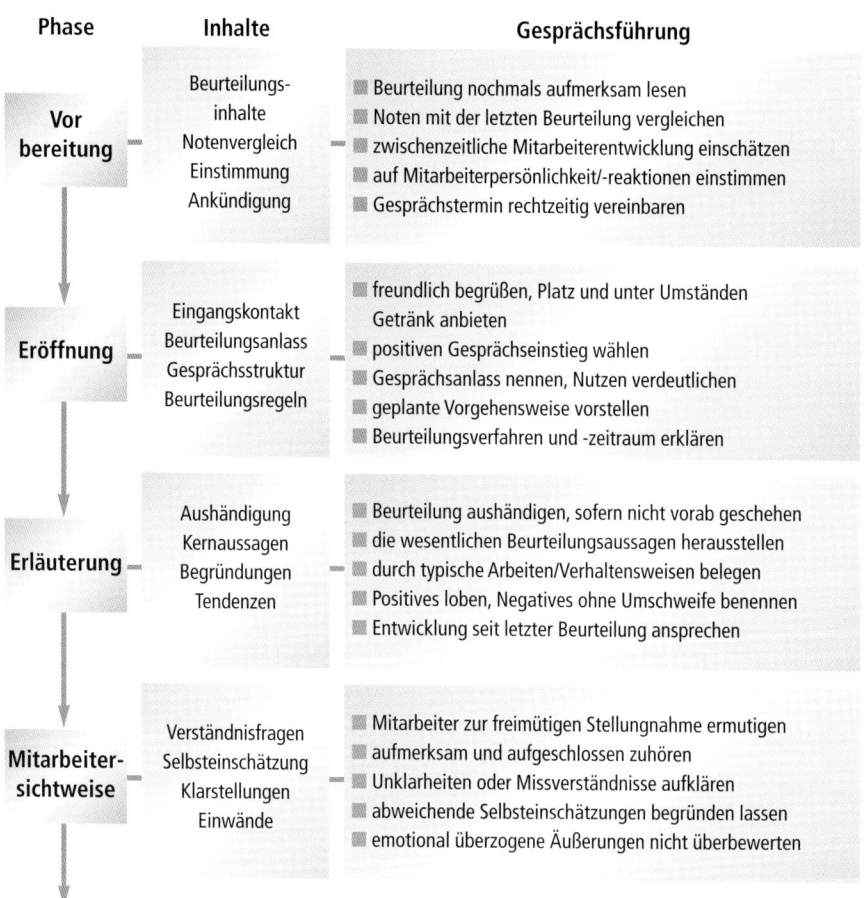

Phase	Inhalte	Gesprächsführung
Vor bereitung	Beurteilungs- inhalte / Notenvergleich / Einstimmung / Ankündigung	▦ Beurteilung nochmals aufmerksam lesen ▦ Noten mit der letzten Beurteilung vergleichen ▦ zwischenzeitliche Mitarbeiterentwicklung einschätzen ▦ auf Mitarbeiterpersönlichkeit/-reaktionen einstimmen ▦ Gesprächstermin rechtzeitig vereinbaren
Eröffnung	Eingangskontakt / Beurteilungsanlass / Gesprächsstruktur / Beurteilungsregeln	▦ freundlich begrüßen, Platz und unter Umständen Getränk anbieten ▦ positiven Gesprächseinstieg wählen ▦ Gesprächsanlass nennen, Nutzen verdeutlichen ▦ geplante Vorgehensweise vorstellen ▦ Beurteilungsverfahren und -zeitraum erklären
Erläuterung	Aushändigung / Kernaussagen / Begründungen / Tendenzen	▦ Beurteilung aushändigen, sofern nicht vorab geschehen ▦ die wesentlichen Beurteilungsaussagen herausstellen ▦ durch typische Arbeiten/Verhaltensweisen belegen ▦ Positives loben, Negatives ohne Umschweife benennen ▦ Entwicklung seit letzter Beurteilung ansprechen
Mitarbeiter- sichtweise	Verständnisfragen / Selbsteinschätzung / Klarstellungen / Einwände	▦ Mitarbeiter zur freimütigen Stellungnahme ermutigen ▦ aufmerksam und aufgeschlossen zuhören ▦ Unklarheiten oder Missverständnisse aufklären ▦ abweichende Selbsteinschätzungen begründen lassen ▦ emotional überzogene Äußerungen nicht überbewerten

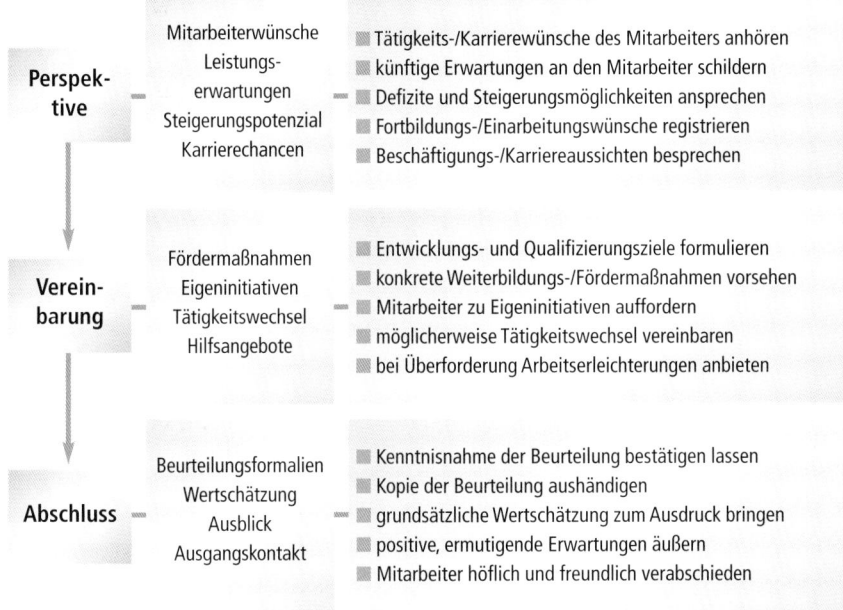

Soll es ausschließlich um die Mitarbeiterbeurteilung oder aber nur um Fragen der Mitarbeiterförderung gehen, werden einige Aspekte des Phasenmodells irrelevant sein.

5. Auswahl-entscheide für Zulagen und Prämien

Zulagen und Prämien als Leistungsanreize

Begriffs-bestimmung Leistungszulagen und -prämien sind variable Einkommen, die zusätzlich zum Grundlohn beziehungsweise Grundgehalt gezahlt werden und sich auf das individuelle Leistungs-verhalten beziehen. Sie sind entweder Bestandteile von Tarif-verträgen oder es handelt sich um freiwillige Leistungen des Arbeitgebers, die jedoch meist mit den örtlichen Betriebs-räten abgesprochen und in Betriebsvereinbarungen festge-halten werden. Die beiden Begriffe „Zulage" und „Prämie" lassen sich nicht immer eindeutig voneinander unterschei-den und werden uneinheitlich gehandhabt.

Zulagen und Zuschläge Leistungszulagen betreffen üblicherweise überdurchschnitt-liche Leistungen, die während eines längeren Zeitraums erbracht wurden und bei denen erwartet wird, dass dieses Leistungsniveau auch künftig beibehalten wird. Neben den allgemeinen Leistungszulagen gibt es eine Reihe weiterer Zulagen für spezielle Arbeitsanforderungen – teilweise auch als Zuschläge bezeichnet. Beispielsweise Gefahrenzulagen oder Sonn- und Feiertagszuschläge.

Leistungs- und Erfolgsprämien Leistungs- beziehungsweise Erfolgsprämien – häufig auch als „Incentives" bezeichnet – sind dagegen Belohnungen für herausragende Leistungen. Sie beziehen sich meist auf das Erreichen bestimmter Ziele, können aber auch für einmalige oder kurzfristige Einzelleistungen gezahlt werden, die unter extremen Bedingungen erbracht wurden.

Leistungszulagen und -prämien sollen den Vorgesetzten als Führungsinstrumente zur Steigerung der Motivation ihrer Mitarbeiter dienen.

Damit der mit den Prämien anvisierte Motivierungseffekt erzielt wird, sollten folgende Voraussetzungen geschaffen werden:

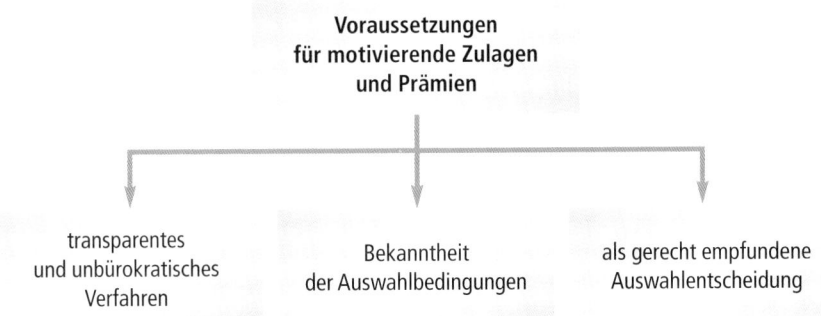

Sind diese Voraussetzungen nicht erfüllt, kann es – insbesondere bei Mitarbeitern, die leer ausgegangen sind – statt zu einer Motivationssteigerung zu Demotivationen kommen. Das würde bedeuten, dass die zusätzlichen Entlohnungskosten sich insgesamt nicht auszahlen oder sie schlimmstenfalls sogar zu Leistungsminderungen führen.

Gefahr der Demotivation

Variable, leistungsabhängige Entlohnungen erfüllen nur dann ihren Zweck, wenn sie den Unternehmenserfolg steigern.

Auswahl der Zuwendungsempfänger

Ausschlaggebend für die Wirksamkeit von Zulagen und Prämien ist, dass die Auswahlentscheidungen von den Mitarbeitern als gerecht empfunden werden.

Hohe Anforderungen an die Führungskräfte Hierin liegt eine große Herausforderung für die zuständigen Führungskräfte. Obwohl keine absolute Gerechtigkeit herstellbar ist, müssen sie bei den Mitarbeitern die erforderliche Akzeptanz für ihre Auswahlentscheidungen erzielen. Folgende Bedingungen können dazu beitragen:

- ehrliches Bemühen um Vorurteilsfreiheit
- konsequente Orientierung an den Auswahlkriterien der jeweiligen Zulagen-/Prämienart
- ausschließlich Berücksichtigung beobachteter Sachverhalte
- Beschränkung auf den entscheidungsrelevanten Zeitraum
- keine Beeinflussung durch frühere Beurteilungsergebnisse
- Erläuterung und Begründung der Entscheidung

Unterschiedliche Auswahlmethoden Je nach Art und Zweck des variablen Leistungsentgelts sind unterschiedliche Methoden für die Auswahl der Zuwendungsempfänger anzuwenden. Dabei ist zu unterscheiden zwischen Leistungszulagen und Leistungsprämien: Für Leistungszulagen sind die während der jeweiligen Periode erbrachten Leistungen, an den allgemeinen Arbeitsplatzanforderungen orientiert, zu messen und zu bewerten. Für Leistungsprämien hingegen ist festzustellen, ob die vereinbarten Ziele erreicht oder sonstige herausragende Sonderleistungen erbracht wurden. Diese Beurteilungen haben eher bestätigenden als messenden Charakter.

Die Auswahlkriterien Bei der Beurteilung der infrage kommenden Mitarbeiterleistungen können folgende Kriterienarten angewendet werden:

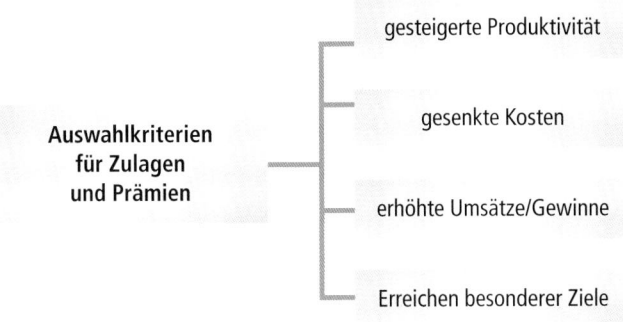

In manchen Fällen können mehrere Kriterienarten gleichzeitig entscheidungsrelevant sein.

Was das Problem der gerechten Leistungsbewertung anbelangt, so gelten auch hier die in den ersten Kapiteln behandelten allgemeinen Beurteilungsgrundsätze.

Bekanntgabe der Auswahlentscheidung

Inwieweit es zweckmäßig ist, Entscheidungen über die Empfängerauswahl für Leistungszulagen und -prämien allgemein bekannt zu geben und auf welche Weise, darüber gehen die Meinungen auseinander. Es gibt Unternehmen, in denen es den Beschäftigten unter Androhung disziplinarischer Maßnahmen untersagt ist, mit ihren Kollegen über den Empfang einer Zulage oder Prämie zu sprechen. In der Regel handelt es sich um Unternehmen, in denen es generell untersagt ist, sich über das persönliche Einkommen mit anderen auszutauschen. Das am häufigsten geäußerte Argument ist, man würde sonst die Nichtprämierten enttäuschen. Oft steht aber dahinter, dass man keine Präzedenzfälle schaffen und eventuellen Forderungen weiterer Mitarbeiter vorbeugen will.

Mancherorts ist das Bekanntgeben untersagt

Trotz derartiger Verbote lässt es sich nicht verhindern, dass Zulagengewährungen dennoch hie und da durchsickern. Geschieht dies aber durch Gerüchte, öffnet das Spekulationen und neidvollen Verdächtigungen Tür und Tor. Eine derartige Geheimniskrämerei steht im Widerspruch zu einem positiven Vertrauensklima.

Positiver Wettbewerbseffekt Außerdem ist zu bedenken, dass sich die motivierende Wirkung variabler Leistungsentgelte in erster Linie aus dem Vergleichen der eigenen Leistungen mit denen der Kollegen ergibt. Im Wettbewerb mit ihnen will man sich beweisen und Anerkennung erringen. Geheim gehaltene Leistungsprämien sind so motivierend wie olympische Wettbewerbe ohne öffentliche Verleihung der Medaillen.

Zahlreiche Unternehmen fördern daher den internen Leistungswettbewerb und stellen die Zuwendungsempfänger besonders heraus. Beispielsweise durch:
- Aushänge an den Bekanntmachungstafeln
- öffentliche Nennung von Wettbewerbssiegern, zum Beispiel „Verkäufer des Monats"
- Artikel in der Betriebszeitung
- Würdigung der Prämienempfänger im Rahmen besonderer Veranstaltungen

Hinsichtlich der Bekanntgabe differenzieren Dennoch sollte bei der Frage der Bekanntgabe differenzierend vorgegangen und dabei nach drei Arten variabler Leistungsentgelte unterschieden werden:
- Bei tariflich festgeschriebenen, regelmäßig mit dem festen Einkommen zu zahlenden variablen Einkommensanteilen erübrigen sich formelle Bekanntgaben, da den Mitarbeitern die tariflichen Regelungen im Allgemeinen bestens bekannt sind und sie mit den Zahlungen bereits rechnen.
- In festgelegten längeren Intervallen, zum Beispiel jährlich, zu gewährende Zulagen oder Prämien aufgrund des Erreichens besondere Leistungsziele hängen von individuel-

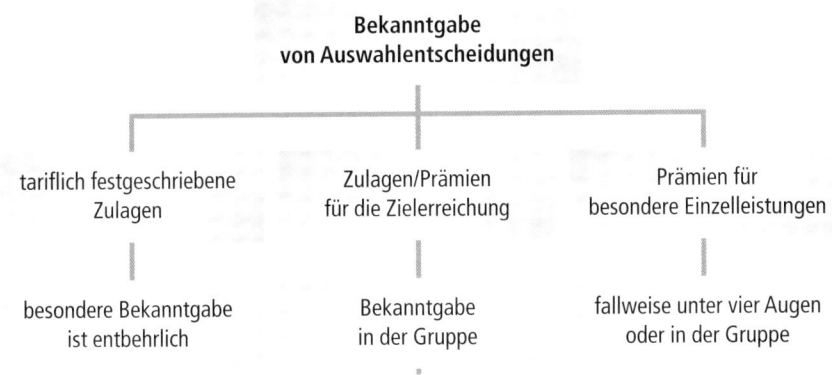

len Beurteilungen ab. Die Auswahlentscheidungen sind daher für die Mitarbeiter weniger vorhersehbar. Daher ist es umso wichtiger, sie im Nachhinein gemeinsam zu informieren und ihnen die Zusammenhänge zu erläutern.

Bei sporadischen Prämierungen herausragender Einzelleistungen ist je nach Sachlage abzuwägen, was angebrachter ist. Tendenziell dürfte hier das Gespräch unter vier Augen vorzuziehen sein. Es ist eher geeignet, die Leistung des betreffenden Mitarbeiters vertiefend zu kommentieren. In einer größeren Runde wäre das manchem Mitarbeiter peinlich oder könnte die Befürchtung wecken, als „Streber" zu gelten.

Angesichts der Kosten von Zulagen und Prämien sowie des Auswahlaufwands wäre es fatal, wegen fehlender oder ungeschickter Ergebnisbekanntgabe das angestrebte Motivierungsziel zu verfehlen.

Um den Charakter der persönlichen Anerkennung der Mitarbeiterleistungen zu unterstreichen, sollte die Bekanntgabe unbedingt vom zuständigen unmittelbaren Vorgesetzten vor-

Regeln für die Bekanntgabe

genommen werden. Andernfalls verfehlt die Maßnahme ihren Zweck als Führungsinstrument. Was die Vorbereitung und Durchführung der persönlichen Bekanntgabe anbelangt, so können hierzu die formalen Regeln von Beurteilungsgesprächen sinngemäß übernommen werden. Hinsichtlich des allgemeinen Verhaltens der Führungskraft spielen hier die nachstehenden psychologischen Aspekte des Aussprechens von Anerkennung eine besondere Rolle.

Mitarbeitervorbehalte gegenüber Lob Wenngleich man meinen sollte, dass Mitarbeiter es – im Gegensatz zu Kritik – stets gerne hören, wenn man sie lobt, reagieren sie darauf verschiedentlich reserviert. Meist liegen die Ursachen dafür im Führungsverhalten des Vorgesetzten. Möglicherweise haben die Mitarbeiter folgende negativen Erfahrungen gemacht:

- Einem Lob folgt meist eine kritische Anmerkung oder es soll überhaupt nur die milde stimmende Einleitung einer Kritik sein.
- Lob soll eine unattraktive Arbeitsaufgabe schmackhaft machen.
- Mitarbeiterlob dient als Eigenlob des Vorgesetzten hinsichtlich seiner erfolgreichen Organisation und Anleitung.
- Anerkennung wird nur als lästige, aber notwendige Formalität ausgesprochen oder gar als unehrliche Floskel.

Eine Frage des Vertrauensklimas Auf alle Fälle sind das Zeichen eines gestörten Vertrauensverhältnisses, und Führungsfehler der beschriebenen Art sind tunlichst zu vermeiden.

Es reicht nicht aus, sich sicher zu sein, die bestmögliche Auswahl getroffen zu haben – entscheidend ist, davon auch die Mitarbeiter zu überzeugen.

6. Beurteilen von Führungskräften

Problematik der Führungskräftebeurteilung

Nutzen sowie Vorbehalte

Während Mitarbeiterbeurteilungen seit eh und je zum Standardinstrumentarium der Personalentwicklung in Organisationen gehört, werden Führungskräfte deutlich seltener beurteilt – in Richtung auf die Hierarchiespitze mit abnehmender Tendenz. Dabei können die Fähigkeiten einer entscheidungsbefugten Führungskraft weit stärkeren Einfluss auf den Unternehmenserfolg nehmen als die eines Mitarbeiters mit weisungsgemäßen Aufgaben. Auch sollte es eigentlich der Grundsatz der Gleichbehandlung gebieten, dass auch die Leistungen von Führungskräften einer systematischen Kontrolle unterliegen. Dass nicht permanent nur „von oben nach unten", sondern auch „von unten nach oben" beurteilt wird.

Notwendigkeit der Leistungskontrolle

Tatsächlich aber herrscht in manchen Unternehmen noch immer wenig Klarheit darüber, wie gut die einzelnen Führungskräfte ihre Führungsaufgaben eigentlich wahrnehmen. Manche Unternehmensleitungen haben von der im Hause herrschenden Führungskultur nur diffuse oder sogar total unrealistische Vorstellungen. Wie zahlreiche Befragungen in Unternehmen ergaben, besteht dann vielfach eine bedenkliche Diskrepanz zwischen den Selbstbildern, die die Führungskräfte von sich selbst haben, und den Fremdbildern bei ihren Mitarbeitern.

Weit verbreitete Vorbehalte

Die Gründe für fehlende Führungskontrollen sind vor allem in zwei grundlegenden Problemen zu sehen: Gegen die Einführung systematischer Führungskräftebeurteilungen bestehen vielfach Vorbehalte, ja gibt es zum Teil massive Befürchtungen. Außerdem sind Führungsleistungen in aller Regel komplexer und weniger quantifizierbar als Mitarbeiterleistungen und damit schwieriger zu bewerten.

Die emotionalen Widerstände

Häufige Befürchtungen Diskussionen um die Einführung einer systematischen Führungskräftebeurteilung wecken bei vielen Vorgesetzten negative Gefühle. Die Reaktionen sind besonders heftig, wenn die nachgeordneten Mitarbeiter die Beurteilungen vornehmen oder an ihnen mitwirken sollen. Nicht wenige Führungskräfte befürchten, dass

- sie dadurch verunsichert und in eine Defensivrolle gedrängt werden,
- sie sich für negative Ergebnisse rechtfertigen müssen,
- wegen der Ergebnisse von den eigenen Vorgesetzten künftig unter Druck gesetzt werden,
- ihre Autorität gegenüber den Mitarbeitern gefährdet wird,
- es den Mitarbeitern an der nötigen Urteilsfähigkeit mangelt,
- sich Mitarbeiter für frühere Disziplinierungen oder Ungerechtigkeiten revanchieren werden,
- sich die persönlichen Karriereaussichten verschlechtern können oder
- man schlimmstenfalls seiner Position enthoben wird.

Ängste ernst nehmen und abbauen Besorgnisse dieser Art sind menschlich verständlich und ernst zu nehmen. Bei der Planung und Einführung eines derartigen Beurteilungssystems ist daher folgende Vorgehensweise zu empfehlen:

- 1. Diskussion mit allen Führungskräften über den Sinn und die Notwendigkeit von Führungskräftebeurteilungen
- 2. Beteiligung der Führungskräfte an der Planung des Ver-

fahrens – je nach Unternehmensgröße in gemeinsamen Workshops oder durch Einsetzen einer Projektgruppe
- 3. Einbeziehung der Mitarbeitermeinungen bei der Festlegung realitätsgerechter Beurteilungsmerkmale
- 4. laufende Verfahrenskontrollen und gegebenenfalls -korrekturen aufgrund bereits gewonnener Erfahrungen

Bei zweckgerechter Konzeption und einfühlsamer Handhabung erweisen sich die Befürchtungen vor Führungskräftebeurteilungen in aller Regel als unbegründet.

In Betrieben, in denen Vorgesetztenbeurteilungen durch die eigenen Mitarbeiter bereits üblich sind, zeigt es sich immer wieder, dass die Mitarbeiter das Recht zur Vorgesetztenbeurteilung als wertschätzende Geste empfinden. Bis auf seltene Ausnahmen wollen sie sich des entgegengebrachten Vertrauens als würdig erweisen und bemühen sich um gerechte Beurteilungen. Was die Führungskräfte selbst anbelangt, äußern die meisten eher den Wunsch nach häufigeren Beurteilungen, statt sie abzulehnen.

Die Zahl der Unternehmen mit systematischen Führungskräftebeurteilungen nimmt seit einigen Jahren langsam, aber stetig zu.

Schwieriges Bewerten von Führungsleistungen

Bei der Beurteilung von Führungsleistungen geht es selten um die Leistungsmenge, also das Abarbeiten möglichst vieler Vorgänge, sondern vielmehr um das Leistungsverhalten (hier Führungsverhalten). Demzufolge sind Führungskräftebeurteilungen nahezu ausschließlich qualitative und damit schwer zu objektivierende Bewertungen.

Qualitative Verhaltensbewertung

Problem der Kriterienformulierung

Da Führungsaufgaben sehr vielfältig und je nach Hierarchieebene auch recht unterschiedlicher Art sind, ist es nicht leicht, dafür allgemeingültige und dennoch zweckorientierte Beurteilungskriterien zu formulieren. Hinzu kommt, dass sich das Verhalten einer Führungskraft situationsbedingt auf sehr unterschiedliche Arten äußern kann und es dadurch problematisch ist, zu genügend aussagefähigen und vergleichbaren Beobachtungsergebnissen zu gelangen.

Gewachsene Befangenheit der Beurteiler

Eine weitere Schwierigkeit liegt schließlich in den Beurteilern selbst. Ganz gleich, ob es sich bei den Beurteilern um übergeordnete Führungskräfte, gleichrangige Kollegen oder nachgeordnete Mitarbeiter handelt, wird die im persönlichen Umgang gewachsene Qualität der emotionalen Beziehung keine halbwegs unbefangene Bewertung der Führungsleistungen zulassen. Jede in der Zusammenarbeit erlebte besondere Belobigung, aber auch jede erlittene Verletzung haben unauslöschliche Spuren hinterlassen. Mangels messbarer Leistungskriterien können diese emotionalen Einflüsse die Beurteilung des Führungsverhaltens stark prägen.

Die Beurteilungsarten

Je nachdem wer die Beurteilung vornimmt, gibt es unterschiedliche Arten von Führungskräftebeurteilungen. Alle haben ihre besonderen Vorzüge und Schwachpunkte.

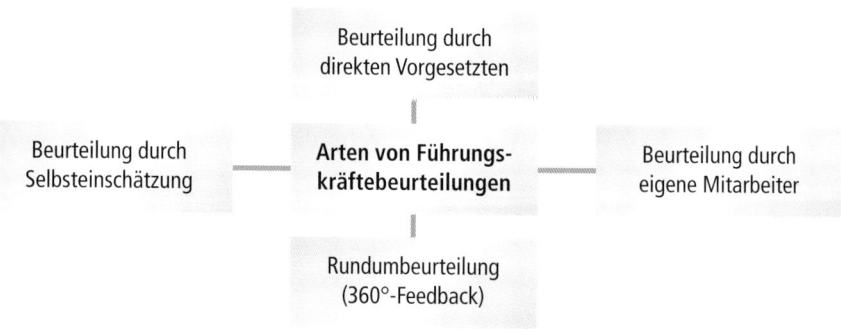

Die im Folgenden beschriebenen Beurteilungsverfahren erfassen ausschließlich das Führungsverhalten. Selbstverständlich sind darüber hinaus die Fachkenntnisse sowie das sachbezogene Arbeitsverhalten der Führungskraft bei einer Beurteilung mitzuberücksichtigen.

Verfahren zur Verhaltensbeurteilung

Wie die Praxiserfahrungen zeigen, ist es bei ehrlichem Wollen und mit bewährten Methoden trotz aller Handicaps möglich, auch Führungskräfte zutreffend zu beurteilen und dadurch die Führungsqualität zu steigern.

Selbsteinschätzung der Führungskraft

Möglichkeiten und Instrumente

Für die Selbsteinschätzung stehen Führungskräften verschiedene Möglichkeiten zur Verfügung:

- Fragebogen zum Führungsverhalten
- Selbstanalyseverfahren mit externer Auswertung
- Selbsttests im Internet

Nachstehend ist ein Beispiel für einen Fragenkatalog zur Selbsteinschätzung dargestellt.

Selbsteinschätzung des Führungsverhaltens

Punkteskala für die Beantwortung:

1 = nahezu nie	3 = manchmal	5 = nahezu immer
2 = selten	4 = häufig	

Ich erkläre meinen Mitarbeitern ihre Arbeitsaufträge ausführlich.
☐1 ☐2 ☐3 ☐4 ☐5

Ich übertrage ihnen nicht nur Tätigkeiten, sondern auch Entscheidungsverantwortung und Befugnisse.
☐1 ☐2 ☐3 ☐4 ☐5

Ich begründe meine Aufträge und verdeutliche es, in welchem Zusammenhang die Arbeiten stehen.
1 2 3 4 5

Ich ermutige die Mitarbeiter, ihre Fragen und Bedenken zum Arbeitsauftrag zu äußern.
1 2 3 4 5

Die Arbeiten verteile ich gleichmäßig, jedoch unter Berücksichtigung individuellen Leistungsvermögens.
1 2 3 4 5

Ich befrage die Mitarbeiter zuvor, ob sie in der Lage sind, die Arbeiten vorgabengerecht auszuführen.
1 2 3 4 5

Falls es erforderlich erscheint, biete ich den Mitarbeitern meine Unterstützung an.
1 2 3 4 5

Neuen Mitarbeitern oder bei neuartigen Arbeiten räume ich einen gebührenden Einarbeitungszeitraum ein.
1 2 3 4 5

Ich führe Mitarbeiterbesprechungen durch, um über Wichtiges zu informieren oder Fragen zu diskutieren.
1 2 3 4 5

Vorschläge meiner Mitarbeiter nehme ich aufgeschlossen zur Kenntnis und verwerte sie, wenn sinnvoll.
1 2 3 4 5

Vor wichtigen Entscheidungen höre ich mir die Meinungen meiner Mitarbeiter an.
1 2 3 4 5

Entgegen den Meinungen meiner Mitarbeiter entscheide ich nur aus gutem Grund.
1 2 3 4 5

Gibt es Probleme, die die persönlichen Belange der Mitarbeiter betreffen, lasse ich sie selbst entscheiden.
1 2 3 4 5

Ich kontrolliere die Arbeiten meiner Mitarbeiter regelmäßig.
1 2 3 4 5

Soweit vertretbar, beschränke ich mich beim Kontrollieren auf die Endergebnisse.
1 2 3 4 5

Bei besonders wichtigen oder riskanten Arbeiten kontrolliere ich jedoch schon während des Arbeitsablaufs.

1 2 3 4 5

Ich teile den Mitarbeitern die Kontrollergebnisse mit, bestätige dabei auch einwandfreie Arbeitsergebnisse.

1 2 3 4 5

Besonders gute Arbeitsergebnisse anerkenne ich ausdrücklich.

1 2 3 4 5

Ich billige meinen Mitarbeitern ein gewisses Maß an Fehlern zu.

1 2 3 4 5

Stelle ich inakzeptable Fehler oder Mängel fest, führe ich mit dem Betreffenden ein Kritikgespräch.

1 2 3 4 5

In Kritikgesprächen kommt es mir weniger auf die Schuldfrage als auf die Mängelbeseitigung an.

1 2 3 4 5

Bei Widerständen versuche ich zunächst den Weg der Überzeugung zu gehen, ehe ich Druck ausübe.

1 2 3 4 5

Haben wiederholte Kritikgespräche keinen Erfolg, stelle ich ernstliche Konsequenzen in Aussicht.

1 2 3 4 5

Gegebenenfalls lasse ich diese Konsequenzen auch tatsächlich folgen.

1 2 3 4 5

Ich bin gegenüber meinen Mitarbeitern offen und ehrlich.

1 2 3 4 5

Ich informiere sie rechtzeitig und verschweige auch keine unpopulären Maßnahmen oder Entwicklungen.

1 2 3 4 5

Ich lasse Kritik der Mitarbeiter an meinen Entscheidungen oder meinem Verhalten zu.

1 2 3 4 5

Ich nehme Kritik an meiner Person ernst und bemühe mich, die richtigen Konsequenzen daraus zu ziehen.

1 2 3 4 5

Wenn mich Mitarbeiter um ein persönliches Gespräch bitten, nehme ich mir die Zeit dafür.
1 2 3 4 5

Ich nehme von meinen Mitarbeitern vorgetragene Probleme ernst und versuche zu helfen.
1 2 3 4 5

Auch für private Sorgen zeige ich Verständnis.
1 2 3 4 5

In regelmäßigen Abständen führe ich mit meinen Mitarbeitern Zielvereinbarungsgespräche.
1 2 3 4 5

Ab und an führe ich Fördergespräche, um Qualifizierungsbedarf oder Einsatzwünsche zu erkennen.
1 2 3 4 5

Ich informiere die Mitarbeiter über künftige Arbeitsanforderungen und geplante Qualifizierungs-
maßnahmen.
1 2 3 4 5

Bei schriftlichen Beurteilungen führe ich Gespräche, in denen ich die Ergebnisse erläutere und
begründe.
1 2 3 4 5

Gegebene Zusagen halte ich ein und begründe es, wenn ich sie ausnahmsweise nicht einhalten
konnte.
1 2 3 4 5

Ich setze mich für die Belange meiner Mitarbeiter bei den zuständigen Instanzen ein.
1 2 3 4 5

Werden meinem Bereich unzumutbare Leistungsziele vorgegeben, bemühe ich mich um Korrekturen.
1 2 3 4 5

Gerüchten unter Kollegen bin ich nicht zugänglich und versuche sie zu unterbinden.
1 2 3 4 5

Bei Kritik an meinen Mitarbeitern stelle ich mich vor sie und übernehme keine Beanstandungen
ungeprüft.
1 2 3 4 5

Probleme oder Konflikte innerhalb meines Führungsbereichs versuche ich unbedingt selbst zu
lösen, ehe ich mich damit an meinen Vorgesetzten wende.
1 2 3 4 5

Verwertung der Ergebnisse

Ein Fragebogen zur Selbsteinschätzung birgt natürlicherweise stets das Risiko, dass man bei der Beantwortung – bewusst oder unbewusst – nicht ganz ehrlich gegenüber sich selbst ist. Wunschdenken und Realität vermischen sich leicht. Außerdem spielt bei der Bewertung mancher Antworten die jeweilige Führungsphilosophie eine entscheidende Rolle. Demzufolge kann es nicht so sehr darum gehen, die Fragen „richtig" zu beantworten. Vielmehr liegt der Nutzen darin, sich durch den Fragebogen geleitet einmal systematisch Rechenschaft über den eigenen Führungsstil abzulegen und angeregt zu werden, darüber nachzudenken, wie sich die einzelnen Verhaltensweisen auf den Führungserfolg auswirken dürften.

Denkanstöße statt Ergebnisgenauigkeit

Andere Möglichkeiten der Selbsteinschätzung bieten diagnostische Tests verschiedener Institute oder Berater, die dazu auch eine neutrale, fachkundige Auswertung liefern. Als ein kompetenter Anbieter sei hier beispielhaft das geva-Institut genannt, das unter anderem eine vielfach erprobte Führungsstilanalyse mit Auswertung anbietet. Die Analyse ist als kostenpflichtige Print- oder Online-Version erhältlich (www.geva-institut.de). Es gibt aber im Internet auch einige kostenlose Selbsttests.

Selbsttests mit Auswertung

Bei einigermaßen selbstkritischer Haltung wird man durch einen Selbsteinschätzungsfragebogen manche Anregung zur Optimierung seines Führungsstils erhalten.

Beurteilung durch Vorgesetzte oder Mitarbeiter

Beurteilung durch den nächsthöheren Vorgesetzten

Sinngemäß kann der Fragebogen zur Selbsteinschätzung des Führungsverhaltens auch zur Beurteilung einer nachgeordneten Führungskraft benutzt werden.

Vorzüge des Fragebogens

Zur Beurteilung von Führungskräften ist ein Fragebogen einer Bewertungstabelle mit nummerischen Bewertungsfaktoren, wie sie für Mitarbeiterbeurteilungen meist üblich ist, vorzuziehen. Die Führungsfähigkeit ist ein äußerst komplexes, überwiegend durch Verhaltenselemente gekennzeichnetes Eignungs- und Erfolgskriterium. Es lässt sich nur aufgrund einer Vielzahl von situationsabhängig unterschiedlichen Verhaltensäußerungen beurteilen, die sich hinsichtlich ihrer Wichtigkeit nur schwer gegeneinander abwägen lassen.

Nummerische Bewertungen sind problematisch

In Zahlenwerten ausgedrückte Führungskräftebeurteilungen sind daher äußerst problematisch. Je höher die Führungskraft in der Unternehmenshierarchie positioniert ist, desto mehr wird man als Beurteiler nur subjektive Gesamteindrücke wiedergeben können, die wiederum auf der Summe vieler Verhaltensmerkmale basieren. Ein Fragebogen kann hierfür eine nützliche Hilfe sein, indem er dazu beiträgt, das keine wichtigen Aspekte übersehen werden und eventuell auch länger zurückliegende Eindrücke in Erinnerung gerufen werden.

Die Beurteilung einer nachgeordneten Führungskraft gleicht weitgehend der einer Mitarbeiterbeurteilung und es gelten demzufolge auch hier die dazu geschilderten Prinzipien.

Es handelt sich ebenfalls um eine sogenannte Abwärtsbeurteilung. Der wesentliche Unterschied zur Mitarbeiterbeurteilung liegt lediglich in der Art der Beurteilungskriterien. Sie sind weit weniger quantitativer als qualitativer Natur und betreffen in erster Linie das Leistungsverhalten – und hier speziell das Führungsverhalten.

Beurteilung durch die eigenen Mitarbeiter

Diese Art der Führungskräftebeurteilung wird auch als „Vorgesetztenbeurteilung" oder „Aufwärtsbeurteilung" bezeichnet. Insbesondere zu dieser Methode werden vielfach die am Anfang dieses Kapitels geschilderten Bedenken geäußert. Sie wird von manchen Gegnern sogar als ausgesprochen schädlich betrachtet und strikt abgelehnt.

Viele Vorbehalte

Gerade an diesem Beispiel zeigt sich, dass es normalerweise nicht an einem Werkzeug selbst liegt, ob es nützt oder Schaden anrichtet. Vielmehr hängt es davon ab, wie und wo man es einsetzt. In einem Unternehmen mit intaktem Betriebsklima erweisen sich Vorgesetztenbeurteilungen als leistungssteigernde und vertrauensbildende Maßnahmen. Herrschen jedoch Misstrauen und Resignation vor, können Vorgesetztenbeurteilungen in der Tat mehr Schaden anrichten als nützen. Unter derartigen Bedingungen neigen manche Mitarbeiter logischerweise dazu, die Beurteilungen als Gelegenheit zu unsachlichen Racheakten zu missbrauchen. Außerdem herrscht bei den Vorgesetzten wenig Bereitschaft, sich mit kritischen Feedbacks auseinanderzusetzen und die richtigen Schlüsse daraus zu ziehen. Zumal ihnen die unangemessenen Reaktionen einiger Mitarbeiter willkommene Rechtfertigungsgründe liefern.

Nicht die Methode selbst ist das Problem

Auch zur Aufwärtsbeurteilung empfiehlt sich ein Fragebogen.

Gestaltung des Fragebogens

Als Vorlage dazu kann ebenfalls der für die Selbsteinschätzung entworfene Fragenkatalog dienen (Seite 141). Denn ganz gleich wer beurteilt, sind es immer wieder dieselben Merkmale, an denen das Führungsverhalten zu messen ist. Lediglich die Grammatik der Fragestellungen muss eine andere sein. Anstelle: „Ich erkläre meinen Mitarbeitern ihre Arbeitsaufträge ausführlich", muss es bei der Beurteilung durch Mitarbeiter heißen: „Mein Vorgesetzter/meine Vorgesetzte erklärt mir meine Arbeitsaufträge ausführlich."

Die Mitarbeiter vorbereiten

Vor allem bei einer erstmaligen Vorgesetztenbeurteilung durch die Mitarbeiter ist es dringend anzuraten, diese in einer gemeinsamen Besprechung darauf vorzubereiten. Es ist ihnen zu erklären,

- welchen Sinn und Zweck Vorgesetztenbeurteilungen erfüllen,
- warum die Beurteilung nur dann für alle Beteiligten einen Nutzen bringt, wenn ehrliche Rückmeldungen gegeben werden,
- dass dabei keine unsachlichen oder überzogenen Wertungen einfließen dürfen,
- dass die Beurteilungen anonym erfolgen und die Mitarbeiter keinerlei nachteilige Folgen zu befürchten haben und
- wie die Beurteilungen ausgewertet und auf welche Weise die Mitarbeiter über die Ergebnisse informiert werden.

> Nur nach ausführlicher Information und Einstimmung kann von den Mitarbeitern erwartet werden, dass sie mit der Maßnahme einverstanden sind und sich an ihr verantwortungsbewusst beteiligen.

Eine heiß umstrittene Frage ist, ob Vorgesetztenbeurteilungen anonym zu handhaben oder offen durchzuführen sind. Das Hauptargument für Anonymität ist, dass nur dann vorbehaltlos ehrliche Rückmeldungen erwartet werden können. Die häufigsten Gegenargumente sind, dass Anonymität Revancheakte begünstigt und nicht zulässt, im Nachhinein Begründungen zu erfragen.

Strittige Frage der Anonymität

Der Nutzwert einer Beurteilung steht und fällt aber nun mal mit der Ehrlichkeit der Aussagen. Gegner der Anonymität machen hierzu geltend, dass Mitarbeiter bei einem vertrauensvollen Verhältnis zu ihrem Vorgesetzten durchaus den Mut haben, ihre Meinung offen zu äußern. Das ist wohl wahr, nur ist diese positive Vorgesetzten-Mitarbeiter-Beziehung beileibe nicht immer gegeben. Gerade aber dann ist es wichtig, die Gründe für das gestörte Verhältnis zu erfahren, um daraus geeignete Schlüsse ziehen zu können. Ist es hingegen intakt, findet schon während der täglichen Zusammenarbeit ein freimütiger Meinungsaustausch statt, sodass die Führungskräfte im Großen und Ganzen um die Wirkungen ihres Führungsstils wissen.

Ehrlichkeit ist unverzichtbar

Was das Gegenargument bezüglich der fehlenden Begründungen anbelangt, so ist zu sagen: Im Rahmen einer freimütig geführten Besprechung lassen sich die Beweggründe für kritische Bewertungen trotz anonymer Beurteilungen herausfinden. Schließlich geht es dabei um keine Einzelmeinungen, sondern um die Gründe mehrheitlich genannter Kritikpunkte, die aus dem Schutz der Gruppe heraus in einer frei von Zwängen geführten Diskussion normalerweise auch zum Ausdruck kommen.

Eine weitere kontrovers diskutierte Frage ist, wie mit den Ergebnissen von Vorgesetztenbeurteilungen umzugehen ist. Es gibt Unternehmen, die Vorgesetztenbeurteilungen nicht nur anordnen, sondern es auch vorgeben, dass die Ergebnisse auf

Konsequenzen der Beurteilungsergebnisse

einer übergeordneten Führungsebene auszuwerten sind. Sie nutzen die Vorgesetztenbeurteilungen in ähnlicher Weise wie Mitarbeiterbeurteilungen. Es ist mit den Beurteilten über kritische Punkte zu sprechen und man orientiert sich bei personellen Entscheidungen oder bei der Personalentwicklung an den Beurteilungsergebnissen. Andere dagegen stellen es den Führungskräften weitgehend frei, ob sie sich im eigenen Interesse von ihren Mitarbeitern beurteilen lassen wollen und wie sie mit den Ergebnissen umzugehen gedenken.

Bei Offenlegung der Ergebnisse wächst die Scheu Eines steht jedenfalls fest: Wenn die Ergebnisse anderen Personen zugänglich gemacht werden sollen, wächst die Scheu vor Führungskräftebeurteilungen. Außerdem nimmt die Gefahr zu, dass sich negative Beurteilungen für einen unbefangenen, vertrauensvollen Umgang mit den Mitarbeitern ungünstig auswirken. Vorgehensweisen dieser Art erfordern eine besonders sensible Handhabung, damit es nicht zu Demotivierungen oder Führungskonflikten kommt.

> **Nützliche Führungskräftebeurteilungen erfordern Feingefühl und ein ausreichendes Maß gegenseitigen Vertrauens.**

Das 360°-Feedback

Begriffs-definitionen Der Begriff „360°-Feedback" (auch „Rundumbeurteilung" genannt) bezeichnet Beurteilungssysteme, bei denen eine Person von vier Beurteilergruppen aus unterschiedlichen Perspektiven beurteilt wird. Die vier Beurteilergrupen sind gewöhnlich Vorgesetzte, gleichrangige Kollegen, Externe (zum Beispiel Kunden oder Geschäftspartner) sowie nachgeordnete Mitarbeiter. Das Verfahren ist somit auf die Beurteilung von Führungskräften ausgerichtet. Der Terminologie folgend spricht man von einem 270°-Feedback, wenn nur drei der Beurteilergruppen beteiligt sind (zum Beispiel die Externen entfallen). Sind es sogar nur zwei (zum Beispiel Vorgesetzter und Mitarbeiter), handelt es sich um ein 180°-Feedback – wobei der Begriff Rundumbeurteilung hierfür wenig sinnvoll ist.

Führungskräfte befinden sich immer in einer zwiespältigen Situation: Einerseits sind sie aufgrund ihres Führungsauftrags dem Unternehmenserfolg verpflichtet, andererseits haben sie wegen ihrer Fürsorgepflicht die Belange ihrer Mitarbeiter zu wahren. Daraus resultieren oftmals Interessenkonflikte, die dazu führen, dass das Führungsverhalten in manchen Fällen nicht den Erwartungen des eigenen Vorgesetzten entspricht und in anderen wiederum nicht denen der Mitarbeiter. Auch kann es dazu kommen, dass eine Führungskraft dabei in Widerspruch zu den eigenen Führungsgrundsätzen gerät.

Diskrepanz der Führungsanforderungen

Diese Diskrepanz spiegelt sich naturgemäß auch in den Führungskräftebeurteilungen wider. Es kann demzufolge weder eine „richtige" Selbsteinschätzung einer Führungskraft geben, noch können Beurteilungen durch den Vorgesetzten oder von Mitarbeitern diesem Anspruch genügen. Jede der Beurteilungen beruht zwangsläufig auf einer anderen Sichtweise und geht von anderen Anforderungskriterien sowie Wertmaßstäben aus. Dabei spielen nicht nur situationsbedingte Bewertungsunterschiede eine Rolle, sondern können auch sehr unterschiedliche Grundüberzeugungen hinsichtlich des erwünschten Führungsstils gegeben sein.

Unterschiedliche Bewertungen durch unterschiedliche Perspektiven

Damit sich Führungskräfte situationsgerecht verhalten können, benötigen sie Rückmeldungen aus unterschiedlichen Beurteilerperspektiven.

Erkenntnisgewinn für die Persönlichkeitsentwicklung Diesen Zweck erfüllt das 360°-Feedback: Es berücksichtigt sowohl die Erwartungen des eigenen Vorgesetzten als auch die Einschätzungen durch gleichrangige Partner sowie das Führungsfeedback der Mitarbeiter. Durch Zusammenführen dieser Bewertungen ergibt sich ein umfassendes Bild des Führungsverhaltens in unterschiedlichen Beziehungsfeldern und können daraus Schlüsse hinsichtlich der Führungskompetenz und des Entwicklungspotenzials gezogen werden.

Spannungsfeld des Führungsverhaltens

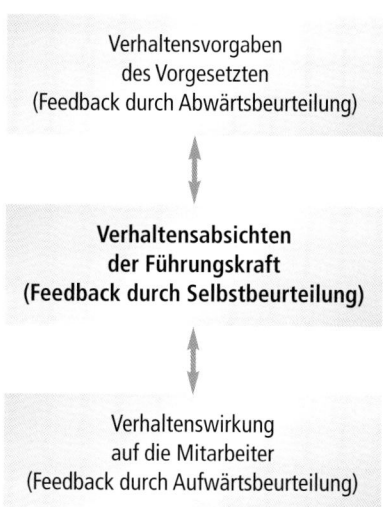

Verhaltensvorgaben
des Vorgesetzten
(Feedback durch Abwärtsbeurteilung)

**Verhaltensabsichten
der Führungskraft
(Feedback durch Selbstbeurteilung)**

Verhaltenswirkung
auf die Mitarbeiter
(Feedback durch Aufwärtsbeurteilung)

Inwieweit darüber hinaus eine Beteiligung externer Beurteiler tatsächlich infrage kommt und ob es psychologisch sinnvoll ist, auch gleichrangige Kollegen beurteilen zu lassen, ist auf den Einzelfall bezogen zu entscheiden.

> **Rundumbeurteilungen liefern dem Unternehmen Ansätze für eine ganzheitliche Führungskräfteentwicklung und den einzelnen Beurteilten Hinweise auf ihre persönlichen Führungsstärken und Führungsdefizite.**

7. Assessment-Center und Persönlichkeitsanalysen

Was sind Assessment-Center?

Das Verfahren und seine Varianten

Assessment-Center (AC) werden für Personalauswahlen, Potenzialanalysen und Personalbeurteilungen eingesetzt, wobei sich diese Zielsetzungen überschneiden können. Ihr relativ hoher Aufwand rechtfertigt sich allerdings nur bei Führungskräften und hoch bezahlten Spezialisten.

Einsatzgebiete

Im Rahmen eines Assessment-Centers sollen die Kandidaten während eines oder mehrerer Tage berufstypische Planspiele, Rollenspiele, Diskussionen oder praktische Übungen durchführen, um in verschiedenartigen Situationen von Berufspsychologen und/oder Managern des Unternehmens beobachtet und beurteilt werden zu können.

Grundgedanke des Verfahrens

Im Lauf der Jahre wurde das klassische Assessment-Center ständig weiterentwickelt und es gibt heute eine Vielzahl von Varianten, deren detaillierte Beschreibung den Rahmen dieses Buchs sprengen würde. Es gibt dazu mittlerweile zahlreiche Fachbücher, von denen einige in den Literaturhinweisen aufgeführt sind. Teilweise sind die Unterschiede der verschiedenen Varianten auch eher akademischer Natur.

Verfahrensvarianten

> Die verschiedenen Arten von Assessment-Centern variie-
> ren vorrangig in der Kandidatenzahl oder den Veran-
> staltungsinhalten.

Kandidatenzahl Eine der Variationsmöglichkeiten ist die Kandidatenzahl:

- Gruppen-AC: Bei dieser klassischen Form können mehrere Teilnehmer unmittelbar miteinander verglichen werden. Das erleichtert die Bewertungen. Außerdem ist der
Zeitaufwand für die Beobachtungen geringer als bei Assessment-Centern mit Einzelpersonen und die Beurteiler
können nach den einzelnen Übungen rotieren, um auf
diese Weise unterschiedliche Teilnehmer kennenlernen
zu können. Meist kommt ein Beobachter auf zwei Kandidaten.

- Einzel-AC: Die Kandidaten werden einzeln von zwei bis
drei Beurteilern beobachtet. Das hat die Vorteile, dass
weniger Beobachter als beim Gruppen-AC benannt werden müssen, man dadurch terminlich flexibler ist, die Sit-
zungen individuell modifiziert werden können und sich
die Beurteiler immer nur auf eine Person zu konzentrie-
ren haben.

- vernetztes Einzel-AC: Hierbei werden an einem Tag mehrere Einzelkandidaten begutachtet. Das erleichtert das
Vergleichen der Kandidaten und somit die Entscheidung
bei Bewerberauswahlen.

Variationen nach Weitere Verfahrensvarianten ergeben sich aus den Veranstal-
Inhalten tungsinhalten.

- klassisches AC: Diese Variante kombiniert unterschiedliche Übungen ohne inhaltlichen Zusammenhang.

- AC mit Rahmenhandlung: Alle Übungen sind in eine
Handlung integriert, die den Hintergrund der Veranstal-
tung bildet. Die Teilnehmer haben die Möglichkeit, darin
eine konstante Rolle zu spielen.

▨ dynamisches AC: Die Teilnehmer werden an der Gestaltung der Situation maßgeblich beteiligt. Das Assessment-Center hat somit Planspielcharakter.

▨ Reality-AC: An einem realistischen Arbeitsplatz wird ein Arbeitstag simuliert, in dessen Verlauf die Teilnehmer eine bestimmte Tätigkeit auszuüben haben. Sie erhalten zuvor keinen Ablaufplan, sondern müssen spontan reagieren.

▨ Cross-Cultural-AC: Diese Variante beinhaltet interkulturelle Komponenten für die Auswahl von Führungskräften für den Auslandseinsatz und werden oftmals in einer Fremdsprache geführt.

▨ PC-gestütztes AC: Diese Variante nutzt Übungen mit Computersimulationen und Möglichkeiten der Informationsbeschaffung über das Internet.

Ein Assessment-Center hat üblicherweise den folgend dargestellten Prozessverlauf:

Typischer Verfahrensablauf

▨ 1. Vorbereitung:
  – Ziele und Zielgruppe festlegen
  – Beobachter bestimmen
  – Anforderungsprofil definieren
  – Übungen zusammenstellen
  – Teilnehmer einladen
  – Logistik vorbereiten

▨ 2. Durchführung:
  – Vorbereitung der Beobachter
  – Empfang der Teilnehmer
  – Vorinformationen für die Teilnehmer
  – Übungsbearbeitung durch die Teilnehmer
  – Beobachtung der Teilnehmer
  – Auswertung der Einzelbeobachtungen

▨ 3. Abschluss:
  – Zusammenfassung der Einzelauswertungen
  – Endabstimmung beziehungsweise Endauswahl
  – Gutachten/Empfehlungen formulieren
  – Feedback-Gespräche mit den Teilnehmern

Rückmeldungen für die Teilnehmer

Die Feedback-Gespräche sollten nach Möglichkeit noch am selben Tag und unbedingt von den teilnehmenden Beurteilern durchgeführt werden. Unter Umständen erhalten die Teilnehmer später außerdem noch schriftliche Benachrichtigungen, zum Beispiel Auswahlbescheide.

Die Vorzüge von Assessment-Centern

Nutzeffekte für das Unternehmen

Gegenüber herkömmlichen Auswahl- und Beurteilungsverfahren weisen Assessment-Center deutliche Vorteile für das Unternehmen auf:

- In den praktischen Übungen kann das Arbeitsverhalten der Teilnehmer unter verschiedenartigen realistischen Bedingungen beobachtet werden.
- Es lassen sich die Verhaltensweisen der einzelnen Kandidaten unter gleichen Bedingungen direkt miteinander vergleichen.
- Es ist zu beobachten, wie die Teilnehmer in konkreten Situationen spontan und weitgehend natürlich reagieren.
- Es können unentdeckte Talente und Neigungen sichtbar werden.
- Bei internen Assessment-Centern gewinnt man einen Eindruck vom allgemeinen Leistungsniveau der einbezogenen Personalgruppe und somit Erkenntnisse für die künftige Personalpolitik.
- Darüber hinaus wird der Erfolg bisheriger Weiterbildungsmaßnahmen erkennbar.
- Vor allem aber kann ein AC mit relativ hoher Wahrscheinlichkeit kostspieligen Fehlbesetzungen vorbeugen.

Nutzeffekte für die Teilnehmer

Die Teilnehmer eines Assessment-Centers können für sich persönlich ebenfalls profitieren:

- Die praktischen Übungen geben den Teilnehmern die Chance, ihre besonderen Fähigkeiten unter Beweis zu stellen.
- Durch die Teilnahme mehrerer Beobachter werden sie besonders objektiv bewertet.

- Die Teilnehmer erhalten differenzierte Rückmeldungen über ihre Wirkung auf andere Menschen.
- Sie können sich mit dem Anforderungsniveau eines angestrebten Postens vertraut machen.
- Sie können sich im Assessment-Center mit anderen messen und dabei ihre Karrierechancen einschätzen.

Assessment-Center sind zwar aufwendig, zahlen sich aber meist aus und haben sich daher als Analyse- und Prognoseinstrumente weitgehend etabliert.

Methoden der Persönlichkeitsanalyse

Normalerweise geht es bei Personalbeurteilungen nicht um die Charaktereigenschaften, sondern um das Leistungsverhalten am Arbeitsplatz. Dennoch gibt es Aufgaben, für die bestimmte Persönlichkeitseigenschaften besonders ausgeprägt sein müssen, zum Beispiel:

Bei besonderen Persönlichkeitsanforderungen

- Vorbildfunktionen
- Vertrauensposten
- Sicherheitsaufgaben
- Notfalldienste
- Konfliktmanagement
- Personalfürsorge

Einige Erkenntnisse hierfür können in Assessment-Centern gewonnen werden. Darüber hinaus gibt es aber eine Reihe besonderer Testverfahren für die Persönlichkeitsanalyse. Sie sind keine Leistungs-, sondern ausschließlich Verhaltenstests.

> Spezielle Persönlichkeitstests ergeben differenziertere Persönlichkeitsmerkmale als Assessment-Center und sind zudem noch erheblich weniger aufwendig.

Im Folgenden werden die bekanntesten dieser Verfahren kurz beschrieben und ihre Einsatzmöglichkeiten erläutert. Die Aufzählung ist alphabetisch und somit keine bewertende Rangfolge.

Alpha Plus – Persönlichkeits- und Potenzial-Profile

Verfahrens-merkmale Der Test Alpha Plus ist bei hohem Qualitätsniveau auf berufliche und private Umsetzbarkeit der Ergebnisse ausgerichtet. Das zugrunde liegende Persönlichkeitsmodell beschreibt fünf Persönlichkeitsfaktoren:

- ALPHA = Aktiver Macher (Extraversion)
- BETA = Kontaktorientierter Teamer (Verträglichkeit)
- GAMMA = Gründlicher Planer (Gewissenhaftigkeit)
- DELTA = Stabiler Optimist (emotionale Stabilität)
- THETA = Weltoffener Pionier (Interesse an Neuem)

Testmaterialien Es gibt vier verschiedene Fragebogen für verschiedene Anwendungsbereiche:

- Basisprofil für sichere Spontankommunikation
- Allround-Profil für differenzierte Nutzung
- Coaching-Profil für individuelle persönliche Entwicklung
- Karriere-Profil für umfassendes berufliches Chancen-Management

Testauswertung Die Auswertung ist computergestützt und wird online mit PIN-Zugang vorgenommen. Es können aber auch Papierfragebogen verwendet und per Fax zur Auswertung eingesandt werden. Die Auswertungsergebnisse werden in Grafiken abgebildet und interpretiert. Eine Qualitätsprüfung gibt Auskunft über die Objektivität der Testergebnisse.

www.alpha-plus-profile.de   **Information**

DISG – Persönlichkeitsprofil

DISG ist ein einfach zu handhabender Test, um situationsbedingte Verhaltensmerkmale einer Person zu ermitteln, und ist gut einsetzbar für Maßnahmen wie Teambildung, Verhaltenstrainings oder Coachings. Es besteht die Möglichkeit, den Test mehrmals mit Blick auf andere Umfeldsituationen auszufüllen. Der Test eignet sich gut für Selbstanalysen. Das zugrunde liegende Persönlichkeitsmodell beschreibt vier Verhaltensdimensionen:

Verfahrensmerkmale

- D = Dominant
- I = Initiativ
- S = Stetig
- G = Gewissenhaft

Es gibt die Unterlagen in Buchform, als Formularsätze und in Onlineversion. Durch den Aufbau der Fragebogen ist eine hohe Objektivität gewährleistet.

Testmaterialien

Der Test ist in der Papierversion selbst auszuwerten, in der Onlineversion geschieht dies automatisch. Die Testunterlagen ermöglichen Interpretationen unter verschiedenen Gesichtspunkten und geben Hinweise für die Praxisumsetzung.

Testauswertung

www.persolog.com   **Information**

H.D.I. – Herrmann-Dominanz-Instrument

Verfahrens-
merkmale
Das vom Amerikaner Ned Herrmann entwickelte H.D.I. ist ein gehirnbiologisch basiertes Instrument, das die bevorzugten persönlichen Denkstrukturen aufzeigt. Es lassen sich daraus Hinweise für ein erfolgreiches Denken und Handeln von Personen und Teams ableiten. Es ist unterstützend einsetzbar im Bereich der Persönlichkeitsentwicklung sowie Karriereberatung und ist gut für Selbsteinschätzungen geeignet. Das zugrunde liegende Persönlichkeitsmodell beschreibt vier Denk- und Verhaltenskategorien:

- A = Rationales Ich
- B = Organisatorisches Ich
- C = Fühlendes Ich
- D = Experimentelles Ich

Testmaterialien
Fragebogen mit 120 Fragen in Papierform oder als Onlineversion.

Testauswertung
Die Auswertung wird als grafisches Profil dargestellt. Das Auswertungspaket enthält außerdem vier erläuternde Broschüren sowie Unterlagen für den Einsatz im Gespräch oder Training.

Information
www.hdi.com

MBTI – Myers-Briggs Typenindikator

Verfahrens-
merkmale
Das von den amerikanischen Psychologinnen Katherine Myers und Isabel Myers-Briggs entwickelte MBTI zeigt auf, wie Informationen aufgenommen und Entscheidungen getroffen werden. Es ist bevorzugt einsetzbar zur Selbsteinschätzung und regt zu einer intensiven Beschäftigung mit sich selbst an. Das zugrunde liegende Persönlichkeitsmodell beschreibt 16 Persönlichkeitstypen. Es ist allerdings weniger übersichtlich als die meisten anderen.

Der Fragebogen enthält 88 Fragen in einer gut verständlichen Sprache und kann daher ohne bestimmte Bildungsvoraussetzungen problemlos ausgefüllt werden. Neben der Papierform kann auch eine elektronische Datei mit den Fragen und Antworten geliefert werden. Psychologische Gegensatzpaare bei den Fragen sichern weitgehende Objektivität.

Testmaterialien

Zur Auswertung werden die Fragebogen per Post eingeschickt. Bei der elektronischen Version wird die bearbeitete Datei per E-Mail an ein spezielles Auswertungssystem geschickt. Die Auswertung kann dann nach kurzer Zeit von der Homepage heruntergeladen werden.

Testauswertung

www.a-m-t.de

Information

Struktogramm – Biostrukturanalyse

Das Struktogramm geht von der genetisch bedingten Gehirnstruktur und den Einflüssen der verschiedenen Gehirnregionen auf das Verhalten aus. Durch die Strukturanalyse wird erkennbar, welche der erlernten Verhaltensweisen verändert werden müssen, damit das Verhalten stimmig wird zur individuellen Grundstruktur der Persönlichkeit. Diese Authentizität gilt als Voraussetzung für den persönlichen Erfolg. Der Test ist nicht geeignet für die Eignungsdiagnostik, sondern ist für die Selbsterkenntnis und eigene Persönlichkeitsentwicklung gedacht. Das Persönlichkeitsmodell baut auf den drei Gehirnbereichen auf:

Verfahrensmerkmale

- Grün-Komponente = Stammhirn (Gefühl)
- Rot-Komponente = Zwischenhirn (Emotion)
- Blau-Komponente = Großhirn (Ratio)

Die Biostrukturanalyse wird im Rahmen eines Seminars durchgeführt, in dem auch Schriftmaterial ausgehändigt wird.

Testmaterialien

Testauswertung Die Erläuterung der Testergebnisse erfolgt durch den Trainer. Die Teilnehmer sind aufgefordert die Analyse im privaten Bereich mit einer Vertrauensperson zu wiederholen, um das Eigenurteil mit einem Fremdurteil in Übereinstimmung zu bringen.

Informationen www.structogram.de

TMS – Team Management System

Verfahrensmerkmale Das TMS ist als Typenindikator speziell für die Teamoptimierung entwickelt worden. Es verdeutlicht die Ergänzungspotenziale in einem Team. Das Persönlichkeitsmodell baut auf den neun wichtigsten Arbeitsfunktionen in Teamprozessen auf und beschreibt vier Teamrollen:

- Entdecker
- Organisator
- Controller
- Berater

Testmaterialien Der Test besteht aus 60 Fragen. Sie können im Papierformat oder im Internet beantwortet werden.

Testauswertung Die Auswertung erfolgt aufgrund des eingeschickten Fragebogens beziehungsweise über das Internet.

Informationen www.tms-zentrum.de

> Tests können nicht die Ganzheit eines Menschen abbilden, aber bestimmte Persönlichkeitsmerkmale sichtbar machen.

8. Verfassen von Arbeitszeugnissen

Rechtliche Grundlagen

Gesetzliche Regelungen zum Verfassen von Arbeitszeugnissen finden sich im Bürgerlichen Gesetzbuch (§ 630), dem Handelsgesetzbuch (§ 73), der Gewerbeordnung (§ 113) sowie im Berufsbildungsgesetz (§ 8).

Die Quellen

Der Arbeitgeber ist nicht verpflichtet ein Zeugnis auszustellen, ohne vom Arbeitnehmer dazu aufgefordert zu sein. Wird es jedoch verlangt, muss er dem nachkommen. Für ein qualifiziertes Zeugnis muss allerdings das Arbeitsverhältnis so lange bestanden haben, dass sich die persönlichen und fachlichen Qualitäten beurteilen lassen. Eine gesetzlich vorgeschriebene Mindestdauer dafür gibt es nicht. Nach allgemeiner Auffassung müssen es zumindest mehrere Wochen sein – in Einzelfällen können jedoch bereits zwei Tage ausreichen. In jedem Fall aber steht dem Arbeitnehmer statt eines qualifizierten ein einfaches Zeugnis oder eine Arbeitsbescheinigung zu. Die Regelungen gelten auch für eine Anstellung auf Probe.

Zeugnisanspruch

Das Recht auf ein Zeugnis entsteht durch die Beendigung des Arbeitsverhältnisses, üblicherweise bereits bei der Kündigung. Wartet der Arbeitnehmer mit dem Geltendmachen seines Zeugnisanspruchs jedoch zu lange, kann er ihn verwirken. Nach geltender Rechtsprechung ist das nach 10 bis 15 Monaten der Fall. Ist dem Arbeitnehmer ein Zeugnis abhandengekommen, kann er sich ein neues ausfertigen lassen.

Verspätete Zeugnisanforderung

Mündliche Auskünfte Da die Arbeitgeber verpflichtet sind, wohlwollende Zeugnisse zu erstellen, ist deren Aussagewert begrenzt. Personalverantwortliche holen daher vor besonders bedeutsamen Neueinstellungen oft telefonische Zusatzinformationen bei früheren Arbeitgebern ein. Ein ehemaliger Arbeitgeber ist zwar nicht verpflichtet, aber berechtigt, derartige Auskünfte zu geben. Sie dürfen jedoch nicht unwahr oder diffamierend sein.

> **Die Aussagen eines Arbeitszeugnisses können sich insofern relativieren, als es zulässig ist, sich zusätzliche mündliche Auskünfte beim ehemaligen Arbeitgeber einzuholen.**

Zeugnisarten und ihre Gestaltung

Das qualifizierte Zeugnis

> Auf Wunsch des Arbeitnehmers ist bei Beendigung eines hinlänglich langen Arbeitsverhältnisses ein qualifiziertes Arbeitszeugnis zu fertigen.

Die zwei Teile des Zeugnisses Das qualifizierte Zeugnis ist der gängigste Zeugnistyp und wird immer häufiger unaufgefordert ausgestellt. Es besteht aus zwei Teilen: den Fakten (die objektiven Angaben zur Person sowie Art und Dauer der Beschäftigung) und den Wertungen (die subjektiven Einschätzungen der Leistungen und des Verhaltens).

Inhaltlicher Aufbau Davon ausgehend empfiehlt sich die folgende Zeugnisstruktur. Sie erleichtert das schnelle Auffinden wichtiger Informationen und ist juristisch korrekt. (Ein Abweichen davon könnte als versteckte Kritik interpretiert werden!)

- Überschrift: „Zeugnis", „Arbeitszeugnis" oder „Dienstzeugnis" (auch differenzierende Überschriften wie „Ausbildungszeugnis" oder „Praktikumszeugnis" sind möglich)

- Personalien: Vorname, Name (bei verheirateten Frauen kann zusätzlich der Geburtsname angegeben werden), Adelstitel, akademischer Grad, Geburtsdatum, Geburtsort, Staatsangehörigkeit bei ausländischen Arbeitnehmern

- Art der Berufstätigkeit, überwiegender Einsatzort: berufliche Bezeichnung (genauere Beschreibung, soweit zum Verständnis notwendig), Unternehmensbereich, eventueller Auslandseinsatz

- Dauer des Arbeitsverhältnisses: Ein- und Austrittsdatum, längere Unterbrechungen infolge von Krankheit, Unfall, Mutterschaft, Studium oder Militärdienst (sofern für das Arbeitsverhältnis prägend)

- Unternehmensdarstellung (sofern zur Aufgabenerläuterung angebracht): Unternehmenszweck, Branche, Produkte

- Aufgabenbereiche und Tätigkeitsbeschreibungen: Art der verschiedenen Arbeitsplätze (chronologische Reihenfolge), Ernennungen, Beförderungen, Sonderaufgaben, persönliche Entwicklung (zum Beispiel betriebliche und eigene Weiterbildung), Beschreibung des letzten Aufgabengebiets (Position im Unternehmen, Führungsaufgaben, Verantwortlichkeiten, Befugnisse, Anforderungen)

- Leistungsbeurteilung: Leistungsbereitschaft (Leistungswille, Verantwortungsbereitschaft, Eigeninitiative, Flexibilität, Lernbereitschaft), Leistungsfähigkeit (fachliche Qualifikation, Belastbarkeit, besondere Fähigkeiten, Arbeitserfolge)

- Verhaltensbeurteilung: Arbeitshaltung (Arbeitsweise, Pünktlichkeit, Zuverlässigkeit, Vertrauenswürdigkeit), internes und externes Sozialverhalten (Umgang mit Vor-, Gleich- und Nachgeordneten sowie Kunden oder Geschäftspartnern)

- Gesamtbewertung: zusammenfassende verbale Bewertung (zum Beispiel Zufriedenheitsformel)
- Schlussteil: Zeugnisanlass (Grund für Beendigung des Arbeitsverhältnisses, sofern vom Mitarbeiter gewünscht), Dank, Zukunftswünsche, Empfehlungen
- Vollzug: Ausstellungsort, Datum, Firma, Unterschrift(en) mit Position beziehungsweise Funktion

Zeugnisse müssen generell auf Geschäftspapier mit Firmenkopf und vollständiger Adresse des Arbeitgebers geschrieben sein.

Der gute Stil gebietet es, dass ein Zeugnis keine Korrekturen, Flecken oder Eselsohren aufweist und nicht gefaltet ist.

Das einfache Zeugnis

Das einfache Zeugnis ist üblich für weniger qualifizierte und kurzfristig ausgeübte Tätigkeiten.

Ohne Bewertungen Es unterscheidet sich vom qualifizierten Zeugnis darin, dass es keinerlei bewertende Aussagen über die Leistungen und das Verhalten des Arbeitnehmers beinhaltet. Das einfache Zeugnis beschränkt sich demzufolge auf die folgenden Punkte eines qualifizierten Zeugnisses:

- Überschrift
- Personalien
- Art der Berufstätigkeit
- Dauer des Arbeitsverhältnisses
- Aufgabenbereiche und Tätigkeitsbeschreibungen
- Schlussformel (fallweise)
- Vollzug

Zwischenzeugnis und vorläufiges Zeugnis

Die beiden Begriffe Zwischenzeugnis und vorläufiges Zeugnis werden in der Praxis nicht immer trennscharf verwendet.

Definition

Während Zwischenzeugnisse schon während eines ungekündigten Arbeitsverhältnisses ausgestellt werden, stehen vorläufige Zeugnisse im Zusammenhang mit einer bevorstehenden Beendigung.

Zwischen- oder vorläufige Zeugnisse können sowohl qualifizierte als auch einfache Zeugnisse sein und beispielsweise aus folgenden Anlässen erforderlich werden: Der Arbeitnehmer will sich beruflich verändern, aus privaten Gründen den Wohnort wechseln oder zum Beispiel an einer Bildungsmaßnahme teilnehmen, für die ein Zeugnis verlangt wird. Oder der Arbeitgeber ist an einer baldigen einvernehmlichen Trennung interessiert, weil er mit dem Arbeitnehmer nicht zufrieden ist, Arbeitsplätze beziehungsweise bestimmte Tätigkeitsarten entfallen lassen will oder die Schließung des Unternehmens beabsichtigt.

Formen und häufige Anlässe

Es empfiehlt sich, jedes Zeugnis vor Beendigung eines Arbeitsverhältnisses als Zwischenzeugnis oder vorläufiges Zeugnis zu kennzeichnen. So kann verhindert werden, gegenüber einem späteren Arbeitgeber schadensersatzpflichtig zu werden, falls sich die beurteilten Leistungen oder das Verhalten nachträglich erheblich verschlechtert haben. Hinsichtlich der äußeren Form und inhaltlichen Gliederung entspricht ein Zwischen- oder vorläufiges Zeugnis grundsätzlich dem Endzeugnis.

Schadensersatzansprüchen vorbeugen

Die Unterschiede zum Endzeugnis sind lediglich durch die Überschriften „Zwischenzeugnis" beziehungsweise „vorläufiges Zeugnis" gegeben und dadurch, dass im Text statt der

Geringfügige Unterschiede zum Endzeugnis

Vergangenheits- die Gegenwartsform zu wählen ist. Außerdem wird normalerweise die Schlussformel etwas anders zu formulieren sein.

Die Arbeitsbescheinigung

> Auch bei kurzfristigen Beschäftigungen besteht ein gesetzlicher Anspruch auf eine Arbeitsbescheinigung als Mindestform.

Ähnlich dem einfachen Zeugnis Die Arbeitsbescheinigung, auch „Dienstbescheinigung" oder „Arbeitsbestätigung" genannt, ähnelt im Wesentlichen dem einfachen Zeugnis, kann aber noch knapper gehalten werden. Sie kann formularmäßig gestaltet sein und sich auf die unkommentierte Aufzählung der gesetzlich vorgeschriebenen Fakten und Daten beschränken. Sie hat aber dennoch dokumentarischen Wert.

> Um Beanstandungen zu vermeiden, sollte man beim Verfassen schriftlicher Zeugnisse sorgsam auf eine juristisch einwandfreie äußere und inhaltliche Form achten.

Korrekte Zeugnisinhalte und -formulierungen

Bereits im Abschnitt „Auswertung der Bewerbungsunterlagen" (Seite 57) wurden einige grundlegende Betrachtungen zu Arbeitszeugnissen angestellt.

> Nach geltender Rechtsprechung müssen Arbeitszeugnisse sowohl wahr als auch wohlwollend sein.

Diese widersprüchlich wirkenden Forderungen bringen Personalverantwortliche immer wieder in Konflikte. Einerseits dürfen sie keine gravierenden Leistungs- oder Verhaltensmängel verschweigen und würden andernfalls Schadensersatzansprüche späterer Arbeitgeber riskieren. Andererseits sollen sie Milde walten lassen, um das berufliche Weiterkommen des Beurteilten nicht ungerechtfertigt zu erschweren.

Problem der widersprüchlichen Anforderungen

Wenngleich es kein Patentrezept dafür gibt, hier einige Anregungen, wie sich negative Leistungen oder Verhaltensweisen im Zeugnis wahrheitsgemäß erwähnen lassen, ohne juristisch anfechtbar zu sein:

Formulierung negativer Aussagen

- Führen Sie nur Tatsachen und keine Behauptungen, Vermutungen oder Verdachtsmomente auf.
- Überlegen Sie es sich gut, inwieweit Sie ihre negativen Bewertungen bei einem Rechtsstreit glaubhaft machen könnten, zum Beispiel durch Abmahnungen, frühere Beurteilungen, Zeugen, Fehlerstatistiken oder Schadensfälle.
- Beschränken Sie sich auf das sachliche Benennen der Beurteilungsmerkmale und deren konkrete Auswirkungen auf die Leistungsergebnisse.
- Halten Sie sich dabei konsequent an die Kernaufgaben und das Arbeitsfeld des Beurteilten.
- Äußern Sie keine Vermutungen hinsichtlich irgendwelcher weiterer Folgerungen.
- Beziehen Sie sich auf die gesamte Beschäftigungszeit und nicht auf einmalige Vorkommnisse.
- Geben Sie keine negativen Prognosen für anderweitige Beschäftigungen ab.
- Lassen Sie sich bei Bewertungen zu keinen emotionalen negativen oder gar polemischen Formulierungen verleiten.
- Vergeben Sie keine negativen Schulnoten, sondern beschreiben Sie, welche Anforderungen nicht erfüllt wurden.
- Verwenden Sie keine mehrdeutigen Begriffe oder Formulierungen, sondern bedienen Sie sich einer klaren, konkreten Wortwahl.

- Machen Sie keine die Person herabsetzenden, geschweige denn diskriminierenden Bemerkungen.
- Lassen Sie Beurteilungspunkte, die Ihnen angreifbar oder missverständlich erscheinen, lieber aus.
- Auch das Nichterwähnen eines bedeutsamen Leistungskriteriums macht eine Aussage!

Angebliche Geheimsprache

Es ist viel über eine sogenannte Geheimsprache der Arbeitgeber geschrieben worden. Es gebe angeblich unter den Arbeitgebern vereinbarte sprachliche Verschlüsselungen, durch die negative Botschaften mit positiv wirkenden Formulierungen übermittelt werden, und Geheimzeichen mit negativen Bedeutungen, wie senkrechte Striche, Häkchen, Ausrufe- oder Anführungszeichen, „versehentliche" doppelte Punkte.

> **Die sogenannten Geheimcodes und -zeichen sind zum einen nicht mehr geheim und zum anderen verboten.**

Durch deren Verwendung kann man es riskieren, dass ein Arbeitszeugnis vom Gericht für ungültig erklärt wird!

Zulässige Standardformulierungen

Es haben sich allerdings, insbesondere für die Gesamtbeurteilung, bestimmte Standardformulierungen eingebürgert. Sie sind bewertende Abstufungen auf einer Positivskala und nicht als unzulässiger Geheimcode anzusehen. Im Abschnitt „Auswertung der Bewerbungsunterlagen" (Seite 57) sind typische Beispiele hierfür beschrieben. Diese Standardformulierungen sind nur Pauschalurteile und für einen späteren Arbeitgeber wenig aussagefähig. Sie lassen nicht erkennen, worin die Stärken beziehungsweise Schwächen des Kandidaten gesehen werden. Daher sollten sie im übrigen Zeugnistext näher erläutert und begründet werden.

Die Forderung nach Wohlwollen darf aber auch bei guten Mitarbeiterleistungen keinen Vorrang haben vor dem Gebot der Wahrheit. Zu vermeiden sind daher

Auch keine Schönfärberei betreiben

- zu häufige Superlative,
- positive Doppelungen und
- weitschweifige blumenreiche Formulierungen.

Wenn später ein Arbeitgeber eine ausgesprochene Spitzenkraft sucht, ist ein ungerechtfertigt spitzenmäßiges Arbeitszeugnis für ihn eine Täuschung. Mit überzogen positiven Formulierungen tut man auch dem Beurteilten keinen Gefallen: Schönfärberei kann die gesamte Beurteilung unglaubhaft machen oder sogar den Verdacht der Manipulation aufkommen lassen.

Ein Arbeitszeugnis ist nicht nur das letzte Feedback für einen ehemaligen Mitarbeiter, sondern gleichzeitig ein Aushängeschild des Unternehmens.

Zu guter Letzt

Über den Sinn und Zweck von Beurteilungen kann man trefflich streiten. Auch im Schulwesen gab und gibt es immer wieder kontroverse Debatten über die Aussagefähigkeit sowie die motivationale Wirkung von Schulnoten und Zeugnissen. Ähnliche Argumente und Gegenargumente lassen sich zu Beurteilungen im beruflichen Personalmanagement anführen.

Doch trotz aller Unzulänglichkeiten des Einschätzens der Persönlichkeitsmerkmale von Mitarbeitern und der Bewertung ihrer Leistungen und Arbeitsweisen sind sich nahezu alle Unternehmen darin einig, dass auf Beurteilungen nicht verzichtet werden kann – ob auf mündliche oder schriftliche. Fehlentscheidungen bei der Personalauswahl oder beim Arbeitskräfteeinsatz sind zu teuer und wirken sich zu gravierend auf den Unternehmenserfolg aus, als dass man sich dabei auf sein Glück verlassen dürfte.

Aber auch im Interesse der Mitarbeiter sollte auf Beurteilungen nicht verzichtet werden. Beurteilungen signalisieren den Mitarbeitern, dass sie ihren Vorgesetzten nicht gleichgültig sind, bieten ihnen Chancen für motivierende Erfolgserlebnisse und liefern die Voraussetzungen für eine gerechte Arbeitsverteilung und Entlohnung.

Es ist somit nicht die Frage, ob beurteilt wird, sondern wie. Wobei das „Wie" sowohl die Frage der Beurteilungsmethode als auch der Beurteilungshäufigkeit und -intensität einschließt.

Wie die vorstehenden Ausführungen gezeigt haben, gibt es für sämtliche Beurteilungsanlässe eine Vielzahl bewährter Methoden, Techniken und Instrumente. Zwar bieten sie alle keine Erfolgsgarantie, jedoch können sie bei sachkundiger Auswahl des Verfahrens und sorgfältiger Anwendung helfen, der Wahrheit möglichst nahezukommen. Die grundlegenden persönlichen Voraussetzungen der Beurteiler sind dabei ein hohes Maß an Verantwortungsbewusstsein, menschlichem Einfühlungsvermögen, Realitätssinn und Unvoreingenommenheit.

Wenngleich Beurteilungen nie absolut fehlerfrei und stets subjektiv sind, so können sie doch bei verantwortungsvoller Handhabung wichtige Erkenntnisse für ein erfolgsorientiertes Personalmanagement liefern.

Ergänzende Literatur

Adrian, Gerhard & Albert, Ingolf & Riedel, Eckhard: *Die Mitarbeiterbeurteilung.* Boorberg Verlag, Stuttgart, 2002

Bohlen, Fred N.: *Das Bewerber-Auswahl-Gespräch.* Rosenberger Fachverlag, Leonberg, 2000

Brake, Jörg & Zimmer, Dieter: *Praxis der Personalauswahl.* Lexika Verlag, Würzburg, 2005

Breisig, Thomas: *Personalbeurteilung.* Bund-Verlag, Frankfurt am Main, 2005

Brenner, Doris & Brenner, Frank: *assessment center.* GABAL Verlag, Offenbach, 2005

Fisseni, Hermann-Josef & Fennekels, Georg P.: *Das Assessment-Center.* Verlag für Angewandte Psychologie, Göttingen, 1995

Friedrich, Hans: *Zeugnisse im Beruf.* W. Goldmann Verlag, München, 2006

Griessl, Alexander & van Gerven, Hans & Vermiert, Jo: *Grundlagen der Mitarbeiterbeurteilung.* Verlag W. Kohlhammer, Stuttgart, 2000

Hofmann, Eberhardt: *Einstellungsgespräche führen.* GRÄFE UND UNZER VERLAG, München, 2006

Janssen, Verena & Beden, Manfred: *Arbeitszeugnisse.* GRÄFE UND UNZER VERLAG, München, 2006

Kiefer, Bernd-Uwe & Knebel, Heinz: *Taschenbuch Personalbeurteilung*. Verlag Recht und Wirtschaft, Heidelberg, 2004

Kießling-Sonntag, Jochen: *Mitarbeitergespräche*. Cornelsen Verlag, Berlin, 2000

Knebel, Heinz & Westermann, Fritz: *Das Vorstellungsgespräch*. Verlag Recht und Wirtschaft, Heidelberg, 2003

Kressler, Herwig W.: *Leistungsbeurteilung und Anreizsysteme*. Wirtschaftsverlag Ueberreuter, Frankfurt am Main, 2001

Landerer, Wibke & Schulte, Marcus: *Testen und getestet werden*. Cornelsen Verlag, Berlin, 2007

Laufer, Hartmut: *99 Tipps für den erfolgreichen Führungsalltag*. Cornelsen Verlag, Berlin, 2006

Laufer, Hartmut: *Entscheidungsfindung*. Cornelsen Verlag, Berlin, 2007

List, Karl-Heinz: *30 Minuten für qualifizierte Einstellungsinterviews*. GABAL Verlag, Offenbach, 2003

Müller, Robert: *Systematische Mitarbeiterbeurteilungen und Zielvereinbarungen*. Praxium Verlag, Zürich, 2005

Neuberger, Oswald: *Das 360°-Feedback*. Hampp Verlag, München, 2000

Schuler, Heinz: *Das Einstellungsinterview*. Hogrefe Verlag, Göttingen, 2002

Simon, Walter (Hrsg.): *Persönlichkeitsmodelle und Persönlichkeitstests*. GABAL Verlag, Offenbach, 2006

Tödter, Ulf & Werner, Jürgen: *Erfolgsfaktor Menschenkenntnis.* Cornelsen Verlag, Berlin, 2006

Watzlawick, Paul: *Wie wirklich ist die Wirklichkeit?* Hogrefe Verlag, Göttingen, 2006

Weber, Susanne: *Den besten Mitarbeiter finden.* Cornelsen Verlag, Berlin, 2007

Weyer, Birgit: *Wie Sie Mitarbeiter beurteilen und gezielt fördern.* Cornelsen Verlag, Berlin, 2007

Wirth, Bernhard P.: *30 Minuten für bessere Menschenkenntnis.* GABAL Verlag, Offenbach, 2001

Stichwörter